아바타 패션과 디지털 문화산업

아바타 패션과 디지털 문화산업

김 영 삼 著

한국학술정보[주]

책머리에

인류는 복식을 통하여 각 시대에 따른 복식문화를 살펴봄으로써 시대문화 이해를 연구하여 왔다. 복식은 인류의 생활양식의 표현인 동시에 생활문화의 가장 대표적인 산물로 인정받고 있다.

21세기는 문화의 세기로서 문화산업의 중요성이 부각되고 있다. 문화산업의 성공여부는 세계적이며 전통적 요소와 현대적 요소(alive and universal, traditional and modern)를 동시에 가져야 하기에 아이템 선정이 중요하다. 복식은 각 민족의 전통적 요소와 현대적 요소를 동시에 내재하고 있다는 점에서 문화산업의 아이템으로서의 가치가 있으며, 이러한 의미에서 21세기 문화의 시대에 복식의 문화산업으로서의 중요성이 부각되고 있다. 이에 복식을 응용한 디지털 복식 Avatar가 국내를 중심으로 상업화되고 있으나, 문화산업적 측면에서의 거시적 안목의 개발·서비스 보다는 수익 창출 위주의 미시적 안목의 서비스가 주를 이루고 있다.

본 연구는 국·내외 문화산업의 현황을 통하여 문화산업 시장의 중요성 부각과 국내 인터넷 Avatar 복식 서비스 분석을 통하여 한국의 복식문화 접목을 통한 한국복식 Avatar 개발모델을 통하여 의류학분야에서의 디지털 문화산업의 발전 방향을 제시하고자 한다.

연구 방법으로는 문헌고찰중심의 이론적 연구와 사례 중심의 실증적 연구로 이루어졌다. 이론적 연구는 문화산업 특성을 분류하고 Avatar를 이론적으로 분석하기 위한 문헌적 고찰로 문화산업과 Avatar의 이론적 틀을 제시하였다. 실증적 연구는 국내 대표적 포털 사이트인 MSN 메신저 파워 플러스(www.msnplus.co.kr), 세이클럽(www.sayclub.com), 프리챌(www.freechal.com)과 다음(www.daum.net)을 선정하였다. 또한 Avatar 채팅서비스 사이트들로는 아이마루(www.imaru.net), 헬로우-Avatar채팅(www.hellocc.com), 유리도시(www.gcity.co.kr), 팅고(www.tinggo.com), 팝플(www.popple.co.kr), 러브토키(www.lovetoky.com), 포플닷컴(www.4pple.com)과 씨메이커(www.cmaker.com)를 선정하였다. 총 12개의 인터넷 사이트의 서비스형태, 아이템의 종류, 아이템 가격대, 한국복식 아이템 유무 여부를 조사·분석하였다.

연구 내용으로는 다음과 같다.

첫 번째로는, 문화산업의 특성을 윈도우 효과(window effect), 망 외부성(network externalities), 저작권산업(copyright industry), 지식기반산업(knowledge-based industry)으로 분류하였다. 윈도우 효과로서는 Avatar 의류 브랜드 개발 및 제품화로 차별화 전략과 실제 상품과의 연동 마케팅을 통한 복식 Avatar를 통한 상품으로서의 활용성을 제시하였고, 망 외부성으로는 Mobile 기반을 통한 디지털 복식의 가치증대를 높였다. 또한, 저작권산업의 특성으로서는 개발모델을 통하여 사용자 자신의 디자인을 통한 저작권에 대한 보호에 대비하였고, 지식기반산업의 특성으로서는 개발프로세스를 통하여 전통복식연구, 전통복식 재생 및 복원, 디지털화, 디지털 복식 Avatar형 디자인 작업, Avatar

모델 구축의 순으로 기술 및 지식의 집약도를 높인 개발모델을
제시하였다.

두 번째로는, 국내 Avatar 복식시장의 분석을 통하여 서비
스형태, 아이템의 종류, 아이템의 가격, 한국복식 아이템을 조
사하였다. 개발모델을 통하여 기존의 Avatar 복식시장과는 차
별화 전략을 제시하였는데, 서비스형태에서는 web 기반 차별
화 전략, mobile 기반 차별화 전략, 시장 확대를 위한 차별화
전략으로 제시하였다. 아이템의 종류에서는 시대별, 성(性)별,
종류별, 테마별, 장신구별로 한국복식 아이템을 제시함으로써
한복에 대한 교육과 정보전달을 하게 구성하였다. 아이템의
가격으로는 과거 1-2년 사이의 복식 Avatar 아이템 가격분석
을 통하여 Avatar 복식의 수익성을 검증하였다. 한국복식 아
이템 조사를 통하여 한국복식 아이템의 명칭 사용에 있어서의
부적절한 명칭의 사용과 캐릭터위주의 명칭 사용의 문제점을
조사하여 개발모델에서 한국복식의 공식명칭을 사용함으로써
이를 보완·수정하였다.

세 번째로는 위의 문화산업의 특성과 국내 Avatar 복식 시
장의 분석을 통한 이상적인 한국복식 Avatar 개발모델을 제시
함으로써 디지털 문화산업 발전방안을 모색하였다.

본 연구의 연구결과는 다음과 같다.

첫 번째로는 전통복식의 인지도 확산이다. 한국의 전통복식
인 한복을 디지털화한 한국복식 Avatar를 통하여 우리문화의
전파 확산과 Avatar 의상 아이템을 구입하는 과정에서 전통복
식에 대한 종류와 명칭, 착용법 등에 대한 교육적 효과이다. 또

한 한복을 시대별, 종류별 의상을 인터넷과 모바일을 통해 체험함으로써 신세대들의 우리문화 자긍심을 고취 시킬 수 있다.

두 번째로는 전통복식을 이용한 문화콘텐츠 디지털 문화산업화의 구현이다. 과거 또는 현재 진행되고 있는 전통복식에 대한 디지털 콘텐츠화는 단순 연구와 콘텐츠화에 머물고 있는 단계이다. 본 연구에서는 개발모델을 통하여 디지털 콘텐츠를 통한 산업화 가능성을 제시함으로써 문화 콘텐츠의 경쟁력을 확보할 수 있다. 또한 문화원형을 발굴, 개발한 기관에서 산업화까지 담당하게 함으로써 해당 사업을 책임지고 수행하여 시장진입과 확보 측면에서 큰 효과가 예상된다. 또한 문화콘텐츠의 디지털산업화 구현을 위한 산·학 협동의 연구 및 개발의 확산에도 기여할 것으로 예상된다.

본 연구는 문화산업의 특성과 국산콘텐츠의 이용을 분석하여 복식문화와의 접목을 모색하기 위하여 기존의 Avatar 복식 서비스 실태 분석을 토대로 디지털 문화산업 특성을 반영한 한국복식 Avatar 개발모델을 제시함으로써, 복식문화를 이용한 문화적 부가가치 창조에 활용될 기초 자료를 제공하는데 그 의의를 두고 있다.

목 차

표 목 차

그 림 목 차

Ⅰ. 서 론

1. 연구의 의의와 목적

복식은 모든 시대에 살았던 사람들의 생활양식의 표현이며, 그들 생활문화의 가장 대표적인 산물이다. 인류는 복식을 통하여 각 시대에 따른 복식문화를 살펴봄으로써 시대문화 이해를 연구하여 왔다. 21세기는 문화의 세기로서 문화산업이 기간산업 역할을 할 것이며 복식의 문화산업으로서의 중요성이 부각되고 있다.

20세기가 물질적, 기술적 힘을 기반으로 하는 경제전쟁의 시대였다면, 21세기는 감성적, 문화적 힘을 기반으로 하는 문화전쟁의 시대라고 할 수 있다.

세계적 석학이자 행정가인 Joseph S., Jr. Nye(1991)는 그의 저서 「Bound to Lead」에서 역사적으로 강대국과 힘의 원천 변화를 기술한 바 있는데 21세기는 기술과 지식이 우위를 점하는 정보화 시대에 뒤이어 문화와 예술의 전성시대가 도래할 것이며, 이러한 문화와 예술이 강대국의 힘의 원천이 될 것으로 전망하였다.

Tony Blair 영국총리가 지난 1997년 집권 직후 '쿨 브리타니아(Cool Britania)'를 제의하였는데 이를 위해 필요한 것이 디자인산업의 육성이라는 것이다. 이는 Blair 총리가 21세기 국가 및 상품 경쟁의 우열을 가늠할 "문화"의 역할을 강조했

다는 점에서 큰 의미를 갖는다. 이와 같이 새 밀레니엄 시대
의 경쟁은 그 문화의 색깔에서 결정된다고 보는 것이다. 이미
지가 구매를 결정하는 '보이지 않는 손(invisible hand)'으로
작용하기 때문에 선진국들은 새 밀레니엄의 경쟁을 헤쳐 나가
기 위해 자국 문화의 개발과 이미지 제고를 키워드로 삼고 있
다(한국경제신문, 1999년 12월 8일).

상품에 문화의 옷을 덧입히는 작업과 함께 크게 각광을 받게
된 것이 문화산업[1]이다. 이제 문화산업은 제조산업을 넘어 새
로운 산업영역의 자리를 굳혔고, 그에 대한 기대가 크다. Max
Horkheimer와 Theodor W. Adorno가 문화산업을 논할 때만
해도 문화산업은 인간의 반성 능력을 둔화시키는 것으로 이해
되었다. 그러나 20세기 말에 와서 문화산업은 경쟁력 내지 생
존권 확보를 위해 피할 수 없는 것임을 긍정하게 되었다. 이렇
게 문화산업에 대한 관심이 증대되는 것은 문화발전과 경제성
장, 그리고 기술공학적 발전 사이에 밀접한 연관관계가 성립된
다는 점에 있다. 기술공학적 발전이 대중매체에 적용될 경우
특히 그렇다(김문환, 1998).

기술공학적 발전이 가속화되어, 대중매체에 적용된 것으로 대
표적인 것이 인터넷이다. 세계적으로 인터넷 이용 인구는 2002
년 2월 현재 5억 4천 4백만 여명에 이르고 있으며, 우리나라의
인터넷 이용 인구는 2002년 8월말 현재 2천 5백 8십 5만 여명에

---

1) 독일 프랑크푸르트학파의 아도르노(Theodor W. Adorno)와 호르크하이
  머(Max Horkheimer)가 1947년에 발간한 「계몽의 변증법(Dalektik der
  Aufklärung)」이라는 책에서 한 章을 문화산업(kultur industrie)으로 이
  름 붙인데서 유래.

달하는 것으로 보고 되고 있다(2002 한국 인터넷 통계집, 2002).
특히, 세계 최고수준의 한국 인터넷 인프라(infrastructure) 구축
은 문화적 요소가 내재되어 경제적 부가가치를 창출하는 디지
털콘텐츠사업을 위주로 하는 문화산업발전의 토대가 되고 있다.
한국의 문화산업의 시장규모는 2001년에 13조 8천억 원이었으
며, 1999년부터 2003년까지 연평균 28%의 높은 성장률을 보이
고 있다(삼성경제연구소, 2003).

　이에 따라 우리나라에서도 정보통신 인프라의 구축, 인터넷
네트워크 환경을 통해 디지털 문화산업을 육성하기 위한 정책
적 지원을 시작하였다. 1998년 국민의 정부는 출범 직후, 문화
산업을 21세기 국가기간산업으로 명명하고 '문화산업진흥 5개
년 계획'을 수립하여 2003년까지 5천억 원 조성을 목표로 문
화산업진흥기금을 신설하여 진흥, 육성해 왔다. 국내 정보통신
의 인프라 구축과 인터넷산업의 발전은 문화콘텐츠산업의 디
지털화를 가속화시키고 있으며, 정부차원의 문화콘텐츠산업의
발전을 위한 다양한 지원이 마련되면서 국내 문화콘텐츠산업
의 개발이 증가하는 추세이다. 그러나 아직도 우리나라의 문
화산업은 세계 시장에서 차지하는 비중이 매우 낮으며 영화,
애니메이션 등의 시장의 경우에는 외국제품의 국내 시장 점유
율이 매우 높게 나타나고 있다. 이는 디지털화의 가능성이 높
은 문화콘텐츠산업의 점유율이 아직 낮다는 것을 의미한다.

　미국의 미래학자 Alvin Toffler(2001)는 한국정보통신정책연
구원(KISDI)의 용역으로 수행한 「위기를 넘어서: 21세기 한국
의 비전」이란 보고서에서 서비스 수입국인 한국은 수출에서 차

지하는 무형자산의 비중을 높여야 할 시점이라고 역설하였다. 또한 2003년 7월 서울 코엑스에서 열린 '차세대 성장산업 국제회의'에서 「메가트렌드 2000(*Megatrend 2000*)」의 저자 John Naisbitt 교수와 「신국부론」 저자 Guy Sorman은 사회의 유연성 제고를 위해 교육부문에 대한 투자가 필요하며 '메이드 인 코리아'라는 브랜드 이미지를 형성할 수 있는 성장 동력은 한국문화임을 강조했다. 특히, 프랑스의 문화비평가 Guy Sorman은 한국이 외환위기에 처하자 "한국이 겪는 위기는 단순한 경제문제가 아니라 세계에 내세울 만한 한국의 문화적 이미지 상품이 없다는데서 비롯됐다"고 평가하였다. 그는 "문화가 수출되거나 상품화되기 위해서는 문화가 살아있어야 하고 세계적이며 전통적 요소와 현대적 요소(alive and universal, traditional and modern)를 동시에 가져야 한다"라고 역설했다(매일경제, 2003년 7월 25일). 이는 수출상품이나 서비스에 문화적 부가가치(cultural added-value)를 창출해 고부가가치화 해야 글로벌 경쟁에서 살아남을 수 있다는 것이다.

코펜하겐 미래학 연구소(Copenhagen Institute for Future Studies)의 Rolf Jesen 소장은 "이제 정보사회 시대는 지났으며 앞으로는 소비자에게 꿈과 감성을 제공해주는 것이 차별화의 핵심이 되는 드림 소사이어티 시대가 온다"라고 하였다. 이런 측면에서 가상공간의 대표격인 인터넷을 대하는 패러다임의 변화가 필요하다. 점차적으로 가상공간이 현실공간을 대신하면서 단순한 정보탐색만을 위한 공간이 아닌 인간의 관계적 욕구를 실현하는 생활공간이 되고 있다. 또한, 사이버공간을

통한 문화의 전파가 초고속통신망을 타고 급속도로 이루어지
고 있다. 사이버공간 속에 등장한 Avatar는 가상공간에서 네
티즌들을 연결하는 매개체이다. 그러나 Avatar는 단순한 가상
공간 속의 매개체가 아니며 문화전파의 매개체로서 인식되고
있다. 모든 정보와 의사소통의 속도가 논리적으로 설명할 수
없이 순식간에 이루어짐에 따라 감동과 재미를 줄 수 있는 문
화적 요소, 오락적 요소의 중요성이 부각되면서 디지털 복식
Avatar의 향후 중요성은 점차 증대 될 것으로 예상되고 있으
며, 문화산업의 특성을 반영한 디지털 복식 Avatar 개발의 필
요성이 요구된다. 유형자산이 부족한 우리나라는 창조적인 아
이디어를 기반으로 하는 크레비즈(Crebiz)2)의 대표적 e-비즈
니스 모델인 Avatar 개발을 통하여, 디지털 콘텐츠의 새로운
틈새시장을 문화보급과 확산의 창구로 삼을 수 있을 것이다.

　이에 본 연구는 문화산업의 특성과 국산콘텐츠의 이용을 분
석하여 복식문화와의 접목을 모색하기 위하여 기존의 Avatar
복식 서비스 실태 분석을 토대로 디지털 문화산업의 특성을
반영한 한국복식 Avatar 개발모델을 제시함으로써, 복식문화
를 이용한 문화적 부가가치 창조에 활용될 기초 자료를 제공
하는데 그 의의를 두고 있다. 문화산업의 특성을 반영한 복식
Avatar 개발모델은 인건비 상승으로 제3세계로 이전된 우리나
라의 의복제조업의 기술력을 대체할 고부가가치의 패션상품
창출에 기여할 수 있을 것이다.

---

2) 크레비즈(Crebiz)는 크리에이티브 비즈니스(creative business)의 약자로
　창조적인 아이디어를 기반으로 한 수익모델을 의미한다.

구체적인 본 연구의 목적은 다음과 같다.

첫째, 국·내외 문화산업분야의 현황을 파악하여 문화산업 시장의 중요성을 부각시킨다.

둘째, 현재 서비스되고 있는 국내 인터넷상의 Avatar 복식 서비스를 분석하여 서비스형태, 아이템의 종류, 아이템 가격대, 전체 아이템 중 한국복식 아이템 유무여부 및 동향을 분석한다.

셋째, 문화산업의 특성과 국산콘텐츠 활용 동향을 분석하여 현재 Avatar 복식 서비스와 차별화 된 한국복식 Avatar 개발모델을 제시한다.

2. 연구문제

본 연구에서는 한국복식 Avatar 개발 모델을 통한 디지털 문화산업 발전방향을 위해 다음과 같은 연구문제를 설정하였다.

첫째, 문화산업의 특성과 국산 콘텐츠의 이용 실태를 분석하여 문화산업과 복식문화와의 접목을 모색한다.

둘째, 국내 인터넷상의 주요 Avatar 서비스 업체를 대상으로 서비스형태, 아이템의 종류, 아이템 가격대, 한국복식 아이템을 조사·분석한다.

셋째, 국내 인터넷상의 한국복식 Avatar 서비스 현황 분석을 토대로 한국복식 Avatar 모델을 개발하고 디지털 문화산업의 발전방향을 제시한다.

3. 연구방법 및 절차

문화산업과 한국의 복식문화 접목을 통한 디지털 복식 Avatar 개발모델 연구를 위하여 본 논문에서는 두 가지 연구 방법을 사용하였다.

첫째는 문헌고찰 중심의 이론적 연구이다. 이론적 연구는 문화산업 특성을 분류하고, Avatar를 이론적으로 분석하기 위한 문헌고찰로 이론, 법률, 정부정책, 통계자료, 선행연구들을 조사하여 문화산업과 Avatar의 이론적 틀을 제시하였다.

두 번째는 사례중심의 실증적 연구이다. 실증적 연구는 연구문제에 대한 실증적 해답을 얻기 위해 이루어졌다.

문화산업으로서의 디지털 복식 Avatar 분석을 위하여 2002년 6월 1일부터 2003년 9월 1일까지 국내 인터넷 사이트를 통한 서비스형태, 아이템의 종류, 아이템 가격대, 전체 복식 아이템 중 한국복식 아이템 유무여부를 조사하였다. 조사대상으로는 국내 대표적 포털 사이트는 수익기준에 따라 2003년 신규 Avatar 서비스를 시작한 세계적 업체인 MSN의 MSN 메신저 파워플러스(www.msnplus.co.kr)를 포함한 세이클럽(www.sayclub.com), 프리챌(www.freechal.com), 다음(www.daum.net) 4개를 선정하였다. 또한 Avatar 채팅서비스 사이트는 연령별 사용자의 고른 분포를 위한 어린이 위주의 사이트인 아이마루(www.imaru.net)와 현재 Avatar 모델링의 2D에서 3D의 전환을 고려하여 헬로우Avatar채팅(www. hellocc.com)을 포함한 유리도시(www.gcity.co.kr), 팅고(www.tinggo.com), 팝플(www.popple.co.kr), 러브토키

(www.lovetoky.com), 포플닷컴(www.4pple.com), 씨메이커 (www.cmaker.com) 8곳의 사이트를 선정하였다.

본 연구를 위한 연구절차는 다음과 같이 진행되었다.

첫째, 이론적 연구를 통한 문화산업으로서의 복식의 디지털 콘텐츠로서의 적합성과 Avatar 복식을 이용한 산업화 가능성 을 통하여 복식의 문화산업 경쟁력 강화를 제시하였다.

둘째, 실증적 연구를 통한 분석을 바탕으로 한국복식 Avatar 개발모델을 제시하였다. 서비스형태, 아이템의 종류, 아이템 가 격대, 한국복식 아이템 유무여부 등의 분석을 통하여 기존의 서 비스 형태와는 다른 기술적 측면의 차별화와, 복식 아이템 분석 을 통하여 아이템 구성의 차별화와 정보설계를 제시하였다.

본 논문의 구성은 다음과 같다(Fig. 1).

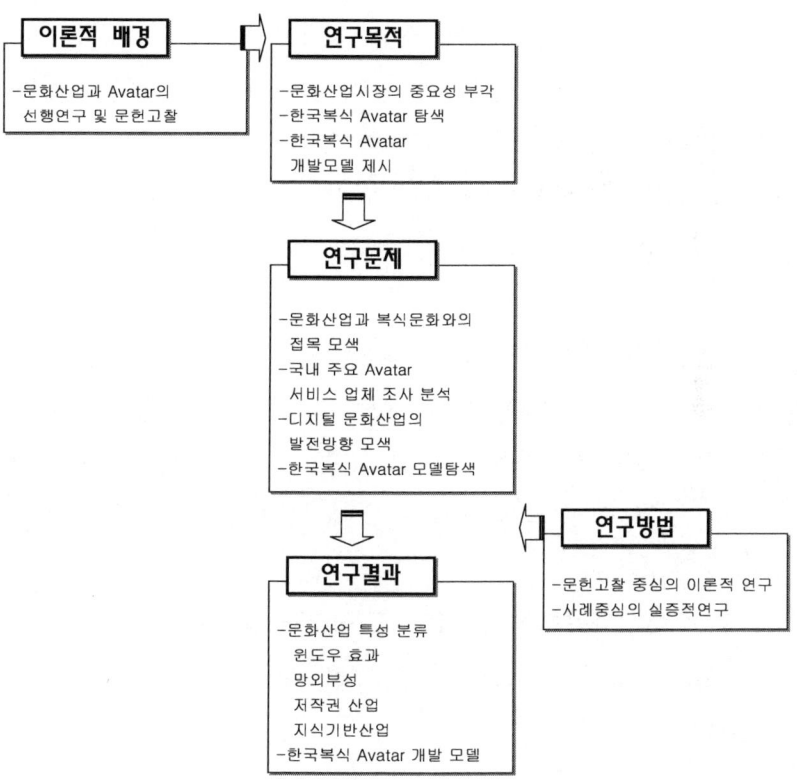

(Fig. 1) 연구의 구성도

4. 용어 정의

본 연구에서 사용된 주요용어를 정의하면 다음과 같다.

① **가상 공동체(Cyber Community)**

회원제를 기반으로 사이버 공간에서 상호 작용하는 사람
들의 집단.

② **디지털 콘텐츠(Digital Content)**

부호·문자·음성·음향·이미지 또는 영상 등으로 표현
된 자료 또는 정보로서 그 보존 및 이용에 있어서 효용
을 높일 수 있도록 전자적 형태로 제작 또는 처리된 것.

③ **디지털문화콘텐츠(Digital Culture Content)**

문화적 요소가 체화되어 경제적 부가가치를 창출하는 문
화콘텐츠.

④ **문화산업(Cultural Industry)**

문화콘텐츠(내용물)를 기획·제작하고 유통하는 사업분야.

협의: 영화, 방송, 음악, 게임, 애니메이션, 캐릭터, 출판만
　　　화 등 오락적 성격이 강한 부문

광의: 출판·인쇄(신문, 잡지), 광고, 공연, 미술(디자인),
　　　전통문화 등도 포함

⑤ 문화상품(Cultural Product)

문화적 요소가 체화되어 경제적 부가가치를 창출하는
유·무형의 재화(문화관련 콘텐츠 및 디지털 문화콘텐츠
를 포함한다)와 서비스 및 이들의 복합체.

⑥ 아바타(Avatar)

Avatar는 분신(分身)·화신(化身)을 뜻하는 말로, 사이버
공간에서 사용자의 역할을 대신하는 애니메이션 캐릭터.

⑦ 온라인 디지털 콘텐츠(Online Digital Content)

정보통신망 이용촉진 및 정보보호 등에 관한 법률 제2조
1항 1호의 규정에 의한 정보통신망(이하 "정보통신망"이
라 한다)에서 사용되는 디지털콘텐츠.

⑧ 온라인 디지털 콘텐츠산업(Online Digital Content Industry)

온라인 디지털콘텐츠를 수집·가공·제작·저장·검색·
송신 등과 이와 관련된 서비스를 행하는 산업.

⑨ 윈도우 효과(Window Effect)

문화산업에서 윈도우 효과는 하나의 문화상품이 문화산
업의 일개 영역에서 창조된 후 부분적인 기술적 변화를
거쳐 문화산업 영역 내부, 혹은 다른 산업의 상품으로서
활용이 지속되면서 그 가치가 증대되는 효과.

⑩ 지식기반산업(Knowledge-Based Industry)

인간의 지식(지적 능력 및 정보기술의 총체적 개념)을 생산과정에 최대한 활용함으로써 기존 제품의 생산성 또는 부가가치를 향상시키거나 새로운 고부가가치 지식서비스를 제공하는 산업－지식의 활용이 핵심이 되는 산업.

⑪ 하이퍼링크, 하이퍼텍스트, 하이퍼미디어(Hyperlink, Hypertext, Hypermedia)

같은 문서상이나 아니면 다른 문서상에 있는 단어, 문구, 심볼, 영상 등의 서로 다른 요소들을 이어주는 연결고리. 사용자는 요소를 클릭 함으로써 링크를 작동시키는데, 보통 요소에 밑줄이 그어지거나 색깔이 바뀐다. 핫 링크(hotlink) 또는 하이퍼텍스트링크(hypertextlink)라고도 불린다. 하이퍼텍스트라는 용어는 문서를 의미하고, 하이퍼미디어는 애니메이션과 사운드, 비디오를 강조한 표현.

Ⅱ. 이론적 배경

1. 문화산업의 일반적 고찰

1) 문화산업의 개념

문화를 하나의 산업으로 인식하는 문화산업(cultural industry)이란 용어를 학술적인 개념으로 처음 사용된 것은 프랑크푸르트학파의 창시자인 호르크하이머(Max Horkheimer)와 아도르노(Theodor W. Adorno)(1947/2001)가 저술한 「계몽의 변증법(*Dalektik der Aufklärung*)」에서 유래하였다. 이들은 문화산업을 '표준화되고 대량생산되는 상업적인 문화'로 정의하고 대중들이 자발적으로 만들고 향유하는 대중문화와는 구별하였다. 그리고 대량 문화의 생산물과 생산과정을 말하면서 당시 미국에서 이미 상당히 큰 영향력이 있는 영화산업에 대한 마르크스주의적 시각을 설명하려는 과정에 문화산업이라는 개념을 도입하였다. 즉, 여기에서의 문화산업의 개념은 자본주의 사회체제를 선전 또는 선동하고, 이윤을 추구하기 위해 대중의 욕구를 조작하는 반계몽적인 것이었다.

문화산업을 경제적 관점에서 본격적으로 다루기 시작한 것은 1960년대부터였으며, 이 시기부터 문화산업은 '문화예술을 상품화하여 대량으로 생산, 소비시키는 산업'이라는 개념으로 정착되었다. 유네스코 한국위원회(1995)에 의하면 1980년대를 기점으로 문화산업을 내용으로 하는 다국적 기업의 등장, 문화적 지배와 종속의 문제, 문화정체성 혼란의 문제, 자국 문화산업부분에 대한 지원과 육성에 관한 문제 등이 국가정책의 주요 관심사로 부각되기 시작한다. 또한 Milagris del Corral(1996)에 의하면 그 이후 문화현상에 관한 논의를 전개함에 있어서 창작(creation)과 산업(industry), 문화(culture)와 시장(market forces), 원작(original works)과 대량의 복제품(multiple copies), 문화다원주의(cultural pluralism)와 기호의 표준화(standardization of tastes)의 관계를 논의하는 과정에서 문화를 하나의 산업으로 인식해야 할 필요성이 더욱 커지게 되었다.

기술적 측면에서의 문화산업의 개념도입을 살펴보면, 1950년대 이후 각종 매스미디어의 발달로 인하여 대중들이 문화를 접할 수 있는 기회가 늘어나게 되었으며, 또한 대중문화가 출현하여 확산되었다. 이렇게 문화는 점차 관념적인 엘리트 문화뿐만 아니라 인간의 생활양식과 연관된 모든 분야를 포함하는 것으로 받아들여지게 되었으며, 나아가 미디어를 통해 수익창출이 가능한 것들을 중심으로 급속하게 상업화가 되었고 결국 문화산업이라는 개념까지 도입되게 되었던 것이다.

문화산업이란 용어가 처음 사용된 이래 학자들 사이에서 그 개념과 범위에 대하여 다양한 논의가 있어왔지만 아직까지 합의된 정의는 없다. 이는 각 나라의 문화적 위상이 상이하고 문화라는 개념 자체가 가지는 모호성(模糊性)과 다의성(多義性)에 기인한다 할 수 있다. 권오혁·김홍석(2000)의 보고서에 의하면, 문화산업의 개념과 범주는 국가별로 다양하게 채택되고 있다. 국가별로 정책에서 사용되는 용어만 살펴보더라도 우리나라를 비롯하여 프랑스, 호주, 그리고 일부 개발도상국들은 문화산업(culture industry)이란 용어를 사용하는데 반하여, 영국은 크리에이티브산업(creative industry), 미국은 정보산업(information industry), 캐나다는 예술산업(arts industry), 일본은 오락산업(entertainment industry)이란 용어를 주로 사용하고 있다. 또한 OECD(Organization for Economic Cooperation and Development)는 영상・출판・음반・방송・광고산업을 '정보・오락산업'으로 정의하고 있다.

국내에서 채택하고 있는 문화산업의 개념은 「문화예술진흥법」과 「문화산업진흥기본법」에 정의되어 있다. 「문화예술진흥법 제2조」(법률 제17115호, 2001년 개정)에서는 문화산업을 "문화예술의 창작물 또는 문화예술용품을 산업의 수단에 의하여 제작・공연・전시・판매를 업으로 영위하는 것"이라고 정의하고 있고, 「문화산업진흥기본법 제2조」(법률 제6635호, 2002년 개정)에서는 문화산업을 "문화상품의 개발・제작・생산・유통・소비 등과 이에 관련된 서비스를 행하는 산업"으로 정의하고 문화상품을 '문화적 요소가 체화되어 경제적 부가가치를 창출하는 유・무형의 재화(문화관련 콘텐츠 및 디지털 문화콘텐츠를 포함한다)와 서비스 및 이들의 복합체'로 규정하고 있다. 위의 두 법에 나타난 정의를 비교하면 「문화산업진흥기본법」이 「문화예술진흥법」보다 문화산업의 경제적 측면을 강조하고 있으며, 문화산업을 '문화예술'에 제한하지 않고 '문화적 요소'의 중요성 부각과 경제적 부가가치를 창출하는 문화관련 콘텐츠와 디지털문화산업 등의 유·무형의 재화로 확대시키고 있음을 알 수 있다.

2) 문화산업의 범위와 분류

문화산업의 범위는 나라와 학자에 따라 다양한 범위를 결정하고 있는데, 이는 한 나라의 산업화 정도와 과학기술의 발달 정도에 따라 다르다. 1970년대에만 하더라도 문화산업분야는 출판, 인쇄, 신문, 방송, 영화 등이었으나, 2000년대 들어서면서 광고 및 문화관광분야까지 추가되고 있다. 또한, 멀티미디어기술의 급격한 발달로 멀티미디어 콘텐츠에 관한 관심 또한 급증하고 있다. 멀티미디어 기술의 발달은 문화산업분야의 확장과 산업 간 통합현상의 긍정적인 현상이나 문화산업의 범위 설정에 있어서는 범위설정 자체를 어렵게 만들고 있다.

일반적으로 문화산업의 범위에서 하드웨어분야를 제외시키지만, 학자에 따라서는 소프트웨어와 밀접한 관련이 있는 하드웨어를 제외하는 것은 적절하지 못한 것으로 지적하며 이 분야를 광의의 문화산업 범주에 포함시키기도 한다.[3]

우리나라에서는 연구주체에 따라 문화산업의 범위가 조금씩 다르게 확정되고 있다. 문화관광부(2000)는 문화산업에 관한

---

3) 池上惇·山田浩之(1993)는 문화산업을 다음과 같이 분류했다. 첫째, 문화소프트웨어산업으로 학문, 예술, 문예, 종교, 영상, 디자인 등과 같은 정신활동산물을 상품으로 생산하는 산업, 둘째는 펌웨어(firmware)산업으로 문화적 가치와 감각이 많이 담긴 상품(패션, 수공업관련 제조업, 건축업, 요리업 등)을 생산하는 산업, 셋째는 문화하드웨어산업으로 문화소프트웨어의 생산, 소비, 유통에 없어서는 안 될 기기나 장치 등 하드웨어와 관련된 산업, 넷째는 문화유통산업으로 위 세 가지 산업의 상품을 시장에 전달·보급·유통시키는 산업을 들었다.

개념 논의를 크게 '협의의 개념'과 '광의의 개념'으로 나누고 그밖에 '문화예술상품 중심의 개념'과 '복제성을 기준으로 한 개념' 등을 언급하고 있다. 협의의 문화산업은 엔터테인먼트사업을 지칭하고 광의의 문화산업4)은 문화예술분야에서 창작되거나 상품화되어 유통되는 모든 단계의 산물을 지칭한다.

이영두(2000)는 문화산업의 개념을 '협의의 문화산업', '통상적인 의미의 문화산업', '광의의 문화산업' 등 세 가지로 나누고, '협의의 문화산업'은 한국은행 산업연관분석의 통합 소분류에 속한 문화 및 오락서비스(분류번호 159)5)를 가리키는 것으로, '통상적인 의미의 문화산업'은 협의의 문화산업에 인쇄·출판, 기타 제조업(악기류), 광고, 방송 등 4개 분야를 포함시킨 것으로, '광의의 문화산업'은 앞의 두 분야에 원예·조경업 등 화훼산업과 콘텐츠 및 문화서비스 생산에 필요한 장비, 장치, 기계, 제조업 등 하드웨어 요소를 포함시킨 것으로 정의하고 있다.

심상민(2002)은 협의의 문화산업을 영화, 방송, 음악, 게임, 애니메이션, 캐릭터, 출판문화 등 오락적 성격이 강한 부문으로 광의의 문화산업은 출판, 인쇄(신문, 잡지), 광고, 공연, 미술(디자인), 전통문화 등을 포함시킨 것으로 정의하고 있다.

일반적으로 국내에서 채택하고 있고 정부의 공식입장인 「문

---

4) 이때 문화산업에는 문학, 음악, 건축, 연극, 춤, 사진, 영화, 디자인, 출판, 박물관, 도서관, 방송 등이 포함된다.

5) 여기에는 산업연관분석의 기본부문(405 sector)에 속한 국공립 문화서비스를 포함해 영화, 연극, 음악, 미술 등 예술과 기타 문화오락서비스 영역이 포함된다.

화산업진흥기본법」(2001년 개정)은 문화산업의 범위를 영화,
음반, 비디오, 게임물, 출판, 방송, 광고, 멀티미디어 관련 산업,
공연물, 미술품, 문화재 관련부문, 공예품, 전통의상 및 전통식
품 등 외국의 경우보다 포괄적으로 다루고 있다. 「문화산업진
흥기본법」 제2조에서 밝히고 있는 문화산업의 범위는 아래와
같다.

1. "문화산업"이라 함은 문화상품의 기획·개발·제작·생산·유
   통·소비 등과 이에 관련된 서비스를 행하는 산업으로서 다음
   각목의 1에 해당하는 것을 포함한다.
   가. 영화와 관련된 산업
   나. 음반·비디오물·게임물과 관련된 산업
   다. 출판·인쇄물·정기간행물과 관련된 산업
   라. 방송영상물과 관련된 산업
   마. 문화재와 관련된 산업
   바. 예술성·창의성·오락성·여가성·대중성(이하 "문화적 요
       소"라 한다)이 체화되어 경제적 부가가치를 창출하는 캐릭
       터·애니메이션·디자인(산업디자인은 제외한다)·광고·
       공연·미술품·공예품과 관련된 산업
   사. 디지털 문화콘텐츠의 수집·가공·개발·제작·생산·저
       장·검색·유통 등과 이에 관련된 서비스를 행하는 산업
   아. 그 밖에 전통의상·식품 등 대통령령으로 정하는 산업

문화산업분야에 관한 최초의 분류는 UNESCO가 1986년에
발표한 「문화상품의 국제비교」라는 연구보고서에서 '문화통계
모델(framework of cultural statistics)'을 작성하면서 이루어
졌다. 이 보고서는 문화활동분야를 10개의 범주로 나누고 그
중 인쇄물 및 문헌, 음악, 시각예술, 영화 및 사진, 라디오 및

TV 등 5개 항목을 국제표준무역분류(SITC)와 연결해 작성했
다. 그러나 분류체계에 있어서 문화산업 분류체계라기보다는
문화분류체계에 가깝다는 평가를 받았다. 그러나 최근 발표된
유네스코 자료에서는 서적출판, 잡지, 신문, 영화, 멀티미디어
제품 및 기타 새로 등장하는 업종들을 문화산업으로 지칭하고
있어 과거보다 좁은 의미에서 문화산업이 정의되고 있음을 알
수 있다.

UNESCO와 1970년대부터 모범적으로 예술산업에 대한 연
구 및 통계자료 수집을 계속해온 캐나다, 호주 그리고 한국의
분류체계를 비교하면 아래 <Table 1>과 같다. 이 분류에 따
르면 본 연구가 다루고자 하는 한국복식 Avatar 개발은 '전통
의상'에 해당된다.

<Table 1> 국가별 문화산업의 분류

유네스코	캐나다	호 주	한 국*
인쇄물 및 문헌	문 학	문학, 도서출판	출 판
음 악	음 악		음 반
라디오	라디오	라디오	방 송
TV	TV	TV	
영 화	영화, 비디오	영화, 비디오	영화, 비디오
사 진			
문화재	문화재	문화재	문화재관련사업
	박물관	박물관	
	도서관		
공연예술	공연예술	공연예술	공 연
시각예술	시각예술	시각예술	미술품, 전통공예품
	미술관	미술관	
사회문화활동	지역문화활동		
	교 육		
	축제와 문화행정	축제와 예술행정	
체육활동	체육·오락· 건강	스포츠·오락	
자연환경	자연환경	자연환경	
문화일반운영		디자인	
		건축설계	
			광 고
			캐릭터
			게임, 멀티미디어콘텐츠
			전통의상, 전통식품

※ 자료: 문화관광부(2000). 2000 문화산업백서; 문화관광부(2003).
   2003 문화산업백서
* 문화산업진흥기본법 제2조 1항 참조

3) 문화산업의 특성

문화산업의 특성은 디지털 및 멀티미디어기술의 급격한 발달로 인하여 하나의 문화상품이 기술적 변화를 통하여 가치가 증대되고, 많은 사람이 활용할수록 그 상품가치는 증가한다. 또한 문화산업은 문화지식의 활용을 통한 고부가가치산업이며 최근 화상디자인에 대한 의장등록허가로 인하여 문화산업의 저작권산업 가능성을 보여주고 있다.

이러한 문화산업의 특성은 윈도우효과, 망 외부성, 저작권산업, 지식기반산업 등으로 나누어 설명할 수 있다.

(1) 윈도우 효과(Window Effect)

문화산업에서 윈도우 효과는 하나의 문화상품이 문화산업의 일개 영역에서 창조된 후 부분적인 기술적 변화를 거쳐 문화산업 영역 내부, 혹은 다른 산업의 상품으로서 활용이 지속되면서 그 가치가 증대되는 효과를 말한다(김휴종, 1998).

이는 대부분의 문화상품이 초기에는 많은 제작비용이 들지만 일단 생산이 되고 나면 이를 재생산하는 경우에는 한계비용이 아주 낮아 거의 영에 가깝기 때문에 나타나는 현상이다.

어떤 음악가의 연주나 비디오 작품의 경우 일단 마스터 레코딩(master recording)이 제작되고 나면 그것을 복사하거나 다른 매체로 옮기는 데는 아주 낮은 비용으로 가능하다. 이처럼 초기에만 제작비가 많이 들고, 이를 대량 생산하는데 드는 한계비용이 매우 낮다면 그 산업은 자연독점(natural monopoly)화 되고,

더 나아가서는 승자 독식(winner-take-all)6) 현상도 나타나게
된다. 1999년에 개봉된 영화「스타워즈 에피소드 1」의 경우 미
국 내 극장수입은 4.3억 달러에 불과하지만 비디오, TV, 캐릭터
등의 사업으로 수익 총액이 47억 달러에 달해, 제작비용을 제하
고도 45억 달러의 순 수입을 올렸다. 최근 게임포털 게임빌
(www.gamevil.com)은 패션업체 EXR과 제휴를 맺고 '룩앤룩
어드벤처' 게임 내에 EXR의 여름 의류 패션 이미지를 대거 선
보였다고 밝혔다. 게임빌 마케팅 팀장은 "세계적으로 온라인 게
임이 영화나 연예 엔터테인먼트산업과 적극적으로 융합되면서
쌍방향 마케팅 시너지 효과를 기대하고 있다"며 "이번 제휴는
패션 업체와 게임 업체간 공동 마케팅이 가능하다는 것을 보여
준 첫 사례가 될 것"이라고 설명했다. 게임빌은 EXR과의 제휴
를 기념해 일정기간동안 EXR Avatar를 구입하거나 게임빌을
통해 EXR 홈페이지에 회원 가입하면 의류상품권 등을 지급하
였다(inews24. 2003년 6월 26일). 이것은 PPL(product place-
ment)7)의 전략으로 Avatar 의상을 이용한 실제 상품의 판매증

---

6) Frank와 Cook(1995)은 그들의 저서 *The winner-take-all society: Why
   the few at the top get so much more than the rest of us*에서 승자독
   식사회(winner-take-all society)라는 개념의 도입으로 미국의 지속적인
   소득 불평등을 설명하려 하였다. 그들은 승자독식 현상이 종래의 문화,
   예술, 연예, 프로 스포츠 등의 부문에서 점차 모든 산업부문으로 확산
   되어 나가는 경향이 있다고 주장한다. 이러한 현상의 핵심은 결국 일에
   대한 성과의 측정과 보상기준이 절대적 평가가 아니라 상대적 평가를
   하는데서 나타난다는 것을 알았다.
7) PPL(Product Placement)이란 '제품을 적절히 배치한다'는 뜻을 지닌 간
   접광고 형태의 마케팅커뮤니케이션 기법이다. 다시 말해 PPL은 광고주
   가 판매증진이나 이미지 개선을 목적으로 영화 또는 방송 제작자에게
   일정한 대가(물품 또는 현금)를 지불하고 자사의 제품이나 브랜드명,

진을 위한 실례이다.

(2) 망 외부성(Network Externalities)

어떤 상품을 사용하는 사람들이 많으면 많을수록 그 상품의 가치가 증가할 때 망 외부성(network externalities)이 존재한다고 한다. 예를 들어 내가 사용하고 있는 전화의 효용은 전화를 갖고 있는 사람이 많을수록 더 커진다. 어떤 특정의 컴퓨터 소프트웨어나 게임도 보다 많은 사람이 사용할수록 그 가치가 커지게 마련이다. 이러한 망 외부성은 상품의 소비가 독립적으로 이루어지는 것이 아니라 다른 사람과의 상호작용에 의해서 이루어지거나 또는 기술적인 호환성(compatibility) 때문에 생기는 것이다.

그런데 이러한 망 외부성이 반드시 기술적인 호환성에서만 비롯되는 것은 아니다. Avatar 복식의 경우, 인터넷 채팅 시 자신의 Avatar 복식 아이템이 사람들 사이에서 많은 인기가 있거나 사이버 커뮤니티로부터 좋은 평을 얻고 있다면, 사람들은 같은 Avatar 복식 아이템을 소비할 강한 유인을 갖게 되

이미지 등을 매체에 간접적으로 노출시켜 소비자를 설득시키는 고도의 판촉 전략이다.

간접광고의 하나인 제품배치(product placement)의 이용은 특히 의류시장에서 활발한 편인데, 인기 연예인은 특정 기업과 계약을 맺어 그 기업의 옷을 입고 방송에 출연하여 시청자에게 상표를 보여주는 조건으로 광고료를 받는다. 계약을 맺은 연예인들은 상표가 인쇄된 의상을 입거나, 의상이 극중 이미지와 어울리지 않으면 다른 옷을 입는 대신 상표배지를 부착하기도 한다. 이러한 계약은 연예인의 인기에 따라 그 기간과 가격이 책정되는데, 인기연예인의 경우 3개월에서 6개월의 계약기간으로 5천만 원에서 6천만 원까지의 광고료를 받고 있다. 또한 그 계약서상에는 스튜디오, 야외 촬영 1회 가격까지 책정되어 있다.

는데 이런 현상도 망 외부성으로 인식해야 할 것이다.

(3) 저작권산업(Copyright Industry)

문화산업에 있어서 지적 재산권(intellectual property right)의 문제, 특히 저작권의 문제는 매우 중요하다. 흔히 콘텐츠산업(contents industry)이라고도 일컬어지는 문화산업은 다른 한편으로는 지적 소유권 또는 저작권산업이라고 불려질 만큼 저작권이 잘 인정되고 보호되어야 한다. 적절한 방법에 의한 저작권의 보호는 저작자들의 권리를 보호해 주는 것만이 아니라 문화산업이 발전하는 데에도 반드시 필요한 것이다. 지적 재산권을 보호할 수 있는 적절한 법적 제도는 이러한 새로운 기술과 매체에 의해서 유통되는 콘텐츠의 생산을 위축시키지 않도록 하는데 매우 중요하다.

최근 2002년 삼성경제연구소에서 발표된 「콘텐츠비즈니스의 새 흐름과 대응전략」보고서(2002)에서는 콘텐츠를 "미디어를 통해 표출될 수 있으며 권리관계(원작권 또는 2차, 인접 저작권 등)를 주장할 수 있는 모든 종류의 원작"으로 정의하고 있다.

또한 최근 특허청(www.kipo.go.kr)은 형태가 있는 물품에만 허용했던 의장등록 심사기준을 바꿔 앞으로는 화상 디자인에 대해서도 의장등록을 받겠다고 2003년 7월 31일 밝혔다. 의장권은 10년 동안 보호된다. 이에 따라 다른 사람의 화상 디자인을 복사하여 웹 사이트나 소프트웨어, 정보가전제품을 만드는 행위에 제동이 걸리게 됐다(중앙일보. 2003년 8월 31일).

패션디자인의 경우 디자인 저작권 자체를 정의하는 것도 쉽

지 않고 디자인을 보호하기도 쉽지 않다. 그러나 Avatar 복식
은 미디어를 통해 표출되는 형태로 원작권, 2차, 인접 저작권
등의 권리관계를 주장할 수 있는 원작으로 해석될 수 있다.

(4) 지식기반산업(Knowledge-Based Industry)

OECD는 과거 첨단기술산업을 정의할 때 강조했던 연구개발
(R & D, Research and Development)을 통한 기술과 지식의
창출뿐 아니라 기술, 정보, 지식이 어느 정도로 활용되고 있는
지의 여부를 중시하는 "기술 및 지식의 내용"을 근거로 지식기
반산업을 정의(OECD. 1998)하였다.

지식기반산업의 개념은 일반적으로 협의와 광의의 두 가지
범주로 접근되고 있다. 협의의 개념은 생명공학이나 우주항공,
정보통신기술(IT)과 같은 미래 '최첨단 과학기술'에 기반을 둔
특정 산업만을 대상으로 하는 반면, 광의의 개념은 기술과 지
식의 집약도가 높은 모든 종류의 '고부가가치' 산업을 포함한
다. 염명배(2000)는 지식기반산업을 정의함에 있어 "인간의 지
식(지적 능력 및 정보기술의 총체적 개념)을 생산과정에 최대
한 활용함으로써 기존 제품의 생산성 또는 부가가치를 향상시
키거나 새로운 고부가가치 지식서비스를 제공하는 산업－지식
의 활용이 핵심이 되는 산업"으로 규정하였다.

이와 같이 문화산업의 특성은 윈도우효과, 망 외부성, 저작권
산업, 지식기반산업으로 분류할 수 있으며, (Fig. 2)와 같이 제
시하였다. Avatar 복식의 경우, 문화원형 관련 디지털콘텐츠제
작기술(CT: Culture & Content Technology)로서 기존 복식의

40

생산성과 부가가치를 향상시키는 새로운 고부가가치 지식서비스라는 점에서 같은 맥락의 특성을 나타낸다고 볼 수 있다.

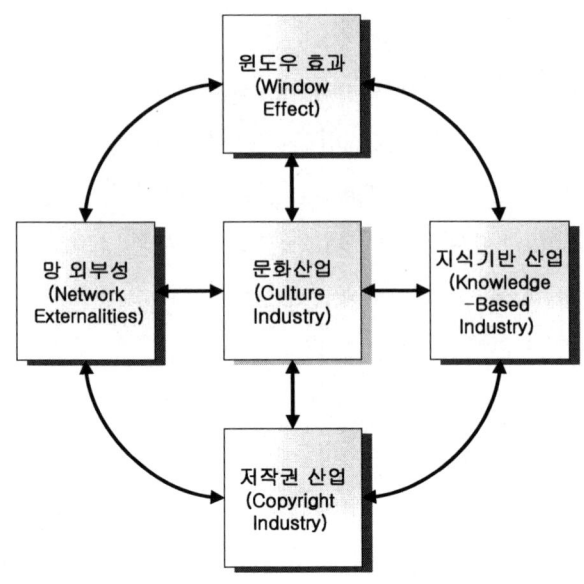

(Fig. 2) 문화산업의 특성

문화산업은 문화적인 요소와 경제적인 요소가 서로의 특수성을 유지하면서 결합된 형태이다. 따라서 문화상품은 상품자체가 지니는 기본적인 경제적 성격과 일반 상품과 구별되는 특수한 기능인 문화 전달의 성격을 동시에 지니고 있다. 그렇기 때문에 겉으로 쉽게 드러나지 않는 디자인에 관계하는 이데올로기를 일상의 의식과 사물들 속에서 찾는다는 것은 새로운 문화적 가치와 의미를 공유하는 순수한 문화 활동이며 사회 문화적 변화에 대한 대응 논리와 개념적 기반을 마련해 준다.

2. 문화산업과 문화콘텐츠의 관계

하버드대 존 F. 케네디 정책대학원(John F. Kennedy School of Government) 학장으로 재직 중이며 세계적 석학이자 행정가인 Joseph S., Jr. Nye(1991)는 그의 저서 「*Bound to Lead*」에서 강대국과 힘의 원천 변화에 대하여 국가, 기업, 지역, 개인의 경쟁력 원천이 물질적, 기술적 힘에서 점차 감성적, 문화적 힘으로 바뀌고 있음을 강조하였다<Table 2>.

<Table 2> 강대국과 힘의 원천 변화

세 기	강대국	힘의 원천
16세기	스페인	금, 식민지무역, 용병부대, 왕실과의 유대
17세기	네덜란드	무역, 자본시장, 해군
18세기	프랑스	인구, 농업, 공공행정, 군대
19세기	영 국	산업, 정치적 단합, 금융 및 신용, 해군, 자유주의적 규범, 섬(방위에 유리한 지리)
20세기 이후	미 국	보편적 문화, 초국가적 커뮤니케이션, 경제규모, 과학기술의 우위, 군사력과 동맹관계, 자유주의 국제체제.

출처: Joseph S., Jr. Nye(1991). *Bound to lead: The changing nature of american power*. New York: Basic Books에서 재구성.

최근 우리는 에너지 집약 사회구조로부터 정보 집약 사회구조로 이행하고 있다. 또한 문화산업은 산업화·정보화 시대에 발달한 Hard(제조, 기술)를 보완하고 가치를 높여주는 Soft(감

성, 예술)의 영역으로 21세기 각광받고 있는 유망분야이다. 21
세기 들어 디지털시대로 진입하면서 산업의 중심가치의 변화
를 <Table 3>을 통해 살펴보면 다음과 같다. 1970, 80년대 하
드웨어부분의 이익이 21세기에 들어서면서 급감함에 따라 소
프트 및 창조에 바탕을 둔 문화산업이 차세대 성장엔진으로
부상하고 있는 것이다.

<Table 3> 정보기술의 발달과 산업의 중심가치 변화

구 분	1970~80년대	1980년대	1990년대	2000년대
기술발달방향	하드웨어	소프트웨어	네트워킹	콘텐츠
중심가치	산 업	정 보	지 식	지식·문화
대표기업체	IBM	MS "Windows"	Netscape Oracle	AOL

출처: 문화관광부(2001). 콘텐츠 코리아 비전 21.

즉, 문화산업은 창작에 의해 만들어진 문화, 예술 작품을 기
반으로 하는 산업으로서 인류의 무형적 생산물 전반을 지칭하
는 것이다. 특히 놀이와 감상의 성격이 강한 것을 엔터테인먼
트산업으로 분류하였으며, 이 가운데 특히 상업화 가능성이
높고 매체 연계성이 높은 분야를 별도로 문화콘텐츠로 구분하
였다. 문화산업은 전통문화(문화원형), 지식, 교육, 학문, 언론,
출판, 건축, 패션, 순수예술(무용, 문학, 공예, 미술, 음악 등)
등을 포함하고 있으며, 문화콘텐츠는 시장의 형성이 가장 발
달한 영역으로 한정하였다(Fig. 3).

(Fig. 3)에서 나타난 바와 같이 문화산업 영역의 전통문화 (문화원형)와 패션은 디지털 복식 Avatar의 개발 필요성을 보여준다. 실례로, 문화관광부 산하단체인 한국문화콘텐츠진흥원 (KOCCA: Korea Culture & Contents Agency)에서 2002년부터 2006년까지 우리 문화원형을 디지털콘텐츠화 하여, 문화콘텐츠산업에 필요한 창작 소재를 제공함으로써 문화콘텐츠산업의 경쟁력 향상도모를 목적으로 우리문화원형의 디지털 콘텐츠화 사업을 진행 중에 있다. 2002년도에는 국고 50억 원과 정보화촉진기금 100억 원을 합하여 총 150억 원의 예산과 2003년도는 순수국고 70억 원이 책정되어 있다. 2003년 상반기까지 선정된 과제 중에서 복식관련 과제는 「고려시대 전통 복식 문화원형 디자인 개발 및 3D 제작을 통한 디지털 복원」 (주관기관: (주) 드림한스), 「문화원형 관련 복식디지털콘텐츠 개발」(주관기관 : 이화여대 섬유패션디자인센터), 「고구려·백제의 실크로드 개척사 및 실크로드 관련 전투양식, 무기류, 건축, 복식 디지털 복원」(주관기관: (주)하트코리아)이다. 이는 복식의 단순 디지털콘텐츠 개발로서 향후 Avatar 시스템과 복식문화를 접목한 디지털 복식 Avatar 개발산업의 가능성을 보여주고 있다.

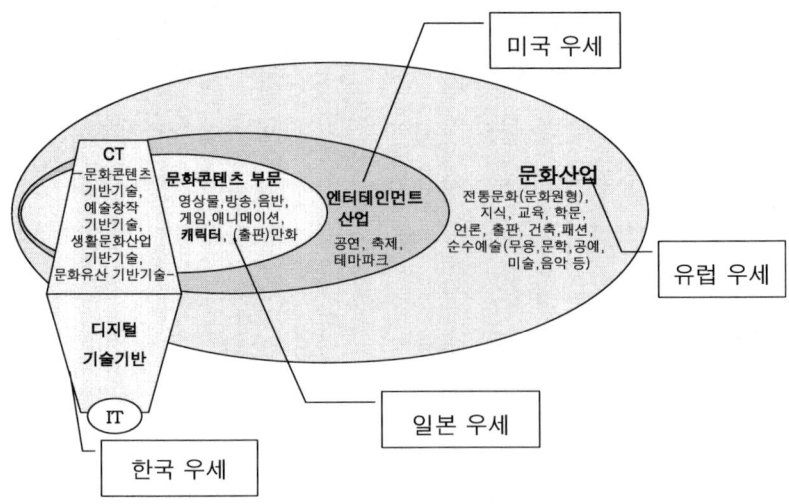

(Fig. 3) 문화산업, 엔터테인먼트산업, 문화콘텐츠, CT[8]

* 출처: 심상민(2002. 7. 29). 콘텐트비즈니스의 새 흐름과 대응전략.
  서울: 삼성경제연구소.

3. Avatar의 개념 및 특성

Avatar는 분신(分身)·화신(化身)을 뜻하는 말로, 사이버공
간에서 사용자의 역할을 대신하는 애니메이션 캐릭터이다. 원
래 Avatar는 산스크리트 '아바따라(avataara)'에서 유래한 말
이다. 아바따라는 '내려오다'라는 뜻을 지닌 동사 '아바뜨르
(ava-tr)'의 명사형으로, 신이 지상에 강림함 또는 지상에 강림
한 신의 화신을 뜻한다. 산스크리트 '아바따라'는 힌디어에서

---

8) CT는 Culture & Conten Technology로써 문화관광부가 2001년부터 공
   식 사용.

'아바따르'로 발음되는데, 'Avatar'는 힌디어 '아바따르'에서 맨 끝의 '르'발음이 탈락된 형태이다. 고대 인도에선 땅으로 내려온 신의 화신을 지칭하는 말이었으나, 인터넷시대가 열리면서 3차원이나 가상현실게임 또는 웹에서의 채팅 등에서 자기 자신을 나타내는 그래픽 아이콘을 가리킨다. 그래픽 위주의 가상사회에서 Avatar는 자신을 대표하는 가상육체라고 할 수 있다. 또한, Avatar는 현실세계와 가상공간을 이어주며, 익명과 실명의 중간 정도에 존재한다(두산세계대백과사전, 2003).

정기도(2000)는 Avatar를 통해 탈육체화된 인간이 육체성을 바탕으로 한 현실의 인간을 대체하는 새로운 인간상이라고 말한다. 이러한 Avatar는 현실 인간의 대행자로서 자율성을 지니고, 목적 지향적으로 현실의 인간에게서 위임 받은 일을 처리할 수 있다. Avatar는 정보인으로서 인간과 더불어 가상 사회의 행위 주체가 될 수 있으며(여명숙, 1999), 상호작용을 위한 정보를 전달하는 수단으로 참여자의 존재와 의도를 가상세계에 알리는 것을 주목적으로 한다. 최광식(2000)은 가상공간 속에서 인간은 자신의 형상을 지닌 Avatar로 거주하며, Avatar는 인간의 체화된 대리자라고 말한다. 그리고 사용자는 이러한 Avatar의 매개를 통해 가상공간을 체험한다고 한다.

최세경(2000)은 게임에서 사용되는 Avatar를 사용자가 게임을 수행하기 위해서 게임 내의 캐릭터를 선택하고 그 캐릭터에 이름을 붙여서 자신을 대신하게 하는 사이버상의 분신이라고 정의하였다. Donath(1999)는 사람들은 Avatar나 아이디를 통해 가상공간에서 커뮤니케이션에 참여하며, Avatar는 가상

공간에서의 커뮤니케이션을 실제의 대면 커뮤니케이션과 유사
하게 하는 기능을 가지고 있다고 Avatar의 특성을 말한다.

지금까지 선행연구를 통하여 본 바와 같이 Avatar에 관한
정의는 기존 연구에서 다양한 방법으로 논의되어져 왔으나,
Avatar가 '가상공간에서 자신을 대표하는 분신'이라는 기본적
인 개념에서는 일치하고 있음을 알 수 있다.

4. Avatar 연구동향 분석

국내 Avatar 관련 연구를 살펴보면 다음과 같다. 먼저 의류
학분야에서는 의상심리학 관련 연구자들이 Avatar의 의복이미
지를 중심으로 Avatar 의복이미지의 구성요인을 밝히고, 이러
한 의복이미지 요인들과 여러 가지 변인들과의 관계를 연구하
는 방향으로 진행되고 있다. 또한, 패션마케팅관련 연구자들을
중심으로 Avatar를 활용한 패션쇼핑몰 개발에 관한 연구도 진
행되고 있다. 디자인분야에서는 가상공간 속에 나타난 Avatar
유형에 관한 연구를 중심으로 Avatar 유형을 인간형, 동물형,
상상형 등으로 유형별 디자인 개발을 연구하고 있다. 경영학
분야에서는 Avatar를 이용한 e-business 적용사례와 Avatar
소비경험에 관한 연구 등을 중심으로 Avatar를 활용한 부가가
치 창출을 경영학적 접근방법을 모색하고 있다. 또한 경영정
보학분야와 광고 홍보학분야에서는 Avatar를 활용한 가상공간
에서의 커뮤니케이션을 통한 사용자 인지 등을 연구하고 있으

며, IT/멀티미디어 관련 분야에서는 Avatar 자체의 관련 기술 개발을 중점적으로 연구하고 있다.

하오선·신혜원(2003)은 Avatar 이용자들이 자신의 Avatar 를 다양한 방법으로 꾸몄고, Avatar를 꾸미는 이유는 개인적인 즐거움과 만족을 얻는 것뿐만 아니라 타인과의 관계의 욕구를 실현하기 위한 것이라고 하였다. 즉, 「현실에서는 공개적으로 드러낼 수 없는 자기이미지, 선호하는 자기이미지, 혹은 전혀 새로운 자기이미지를 Avatar를 통해 표현하면서 개인적인 즐거움을 추구하고 가상공간 속에서 다양하고 새로운 인간관계를 형성한다」라고 분석하였다.

안지숙(2002)은 중·고등학교 남녀 청소년 458명을 대상으로 설문지 조사를 실시한 결과, 청소년들은 Avatar를 있는 그대로 자신의 것으로 인정하기 때문에 또 다른 자아의 모습으로 느끼고 Avatar를 꾸미는 행동을 통해서 기분전환을 하려고 하거나 의복이 주는 느낌에 민감하게 영향을 받으며, Avatar를 친구들과 비슷하게 꾸미려는 경향을 보이고 자신의 Avatar 또는 타인의 Avatar가 착용한 의복에 대하여 갖는 관심과 호기심이 크다는 것을 나타낸다고 하였다.

유창조(2003)는 Avatar 꾸미기의 일반적 특징, 소비경험 및 의미를 민속학적 면접(ethnographic interview)을 통하여 연구한 결과, 가상공간에서 사용자가 현실세계의 제약점을 극복할 수 있기 때문에 Avatar를 통하여 자신의 다양한 모습을 보다 용이하게 표현할 수 있고 그에 따라 긍정적인 경험을 하고 있다고 하였다. 또한 Avatar 소비동기에는 이중적인 욕구(자신

을 감추고자 하는 욕구와 자신을 드러내고자 하는 욕구)가 혼
재되어 있고, 가상공간에서의 청소년들의 그룹문화에 대한 이
해를 촉구하였다. 그는 Avatar는 초기의상을 중심으로 구매가
이루어져 왔으나 소품, 성형수술, 미용실 및 특수효과 등 현실
세계에서의 인간 치장행위와 관련된 분야로 확대되고 있으며
<Table 4>, 이는 향후 Avatar 의상 분류 다양화를 예측한다
고 할 수 있을 것이다.

<Table 4> Avatar 꾸미기의 범위

	일반의상	캐주얼, 힙합, 정장
의 상	파티의상	화이트백작, 턱시도, 꽃을 든 남자, 카니발 복장
	전통의상	아라비안, 인디언, 마당쇠, 중국의상, 이집트 의상, 카우보이, 요술램프, 닌자, 검객
	직업의상	권투, 소방관, 파일럿
	스포츠의상	축구선수, 슬램덩크, 스노우보드
	엽기의상	곰인형, 기타
소 품		가면, 목걸이, 귀걸이, 모자, 인형, 배경
성형수술		성형수술 된 얼굴이미지가 100여 가지 제공됨
미용실		염색, 파마, 커트
특수효과		귀신, 별, 애완동물

* 출처: 유창조(2003). Avatar의 소비경험에 관한 탐색적 연구: 자아
와 Avatar의 관계를 중심으로. 마케팅관리연구, 8(1), p.85.

한창완(2003)은 애니메이션산업 내 지배제품전략으로서 Avatar
를 대안 비즈니스로 제시하면서, Avatar 아이템의 가격결정은
생산비용을 기준으로 하는 것이 아니라 소비자들이 Avatar 아

이템에 부여하는 기대 가치를 기반으로 공급자들이 결정하고 있고 기존 시장의 가격기준이 마련되어 있지 않기 때문에 초기 시장서비스를 주도하는 회사의 자체 가격 선이 전체시장의 기준으로 받아들여지고 있는 실정이라고 하였다.

또한 2002년 6월 프리챌 Avatar 아이템 서비스 요금 조사 <Table 5>의 고가 브랜드를 패러디한 브랜드를 통하여, Avatar 복식 아이템의 수익성 증가를 예측하고 있다. 2002년 6월 기준으로 Avatar 서비스의 요금 수준은 최하 100원부터 6,100원까지이며, 고가 브랜드의 차별화 전략이 실제 시장 환경과 동일하게 적용되고 있기 때문이라고 하였다<Table 6>.

<Table 5> 프리챌 Avatar 아이템 서비스 요금 현황(2002년 6월 기준)

(단위: 원)

분 류	종 류	서비스 요금			
		상 의	하 의	한 벌 의상	액세서리
명품관	앙드레곤 (Andre Kim)			3,500~6,100	500~1,200
	세바스챤 디올 (Chritian Dior)	900~1,800	1,300~1,800	2,000~3,900	700~1,000
	쟈끄비씨쥐	1,200~1,900	1,200~1,800	2,500~4,000	500~1,100
로데오	NF(MF)	300~1,100	350~1,100		300~900
	POLE(Polo)	300~1,100	350~1,300		300~800
	YOY(VOV)	400~1,300	350~1,200	500~1,100	300~900
	신씨네로리 (신씨아로리)	350~1,100	300~1,100	500~1,200	200~700
	카라멜	900~1,200	900~1,300	1,200~1,900	300~1,000
밀려 오네 (밀리 오레)	Hip Hop/Casual	400~700	400~1,000	350~1,200	100~500
	Sexy/Cute	300~700	200~700	600~800	100~500
테마존	특수의상	3,000~4,000			
	Pet Shop	500~2,500			
	애매Shop	500~1,700			
	배경Shop	2,000~3,800			
	스타Shop	500~2,200			
뷰티존	우리네미용실	500~1,200			
	앙리정헤어Shop	900~1,300			
	Makup Room	400~800			
노라 조존	Character Shop	게임 의상 500~3,600, 게임 펫 800~1,200 액세서리 300~700, 게임 배경 2,500~3,000			
	Guild Shop	길드 깃발 1,000~1,600, 깃발로고 300~1,200			

* 출처: 한창완(2003). 대안 비즈니스의 활성화, Avatar 서비스. 문화예술, 2003년 3월호, 한국문화예술진흥원, 88에서 재구성.

<Table 6> 2002년 국내 Avatar 아이템 서비스 요금 수준
(2002년 6월 기준)

(단위: 원)

아이템	서비스 요금
상 의	300~1,100
하 의	200~1,100
한 벌	1,000~2,500
액세서리	100~1,500
헤 어	300~1,300
특수의상	3,500~4,000
펫 Shop	500~2,300
배경Shop	2,000~3,800
성형수술	1,000~1,800
명품관	3,800~6,100

* 출처: 한창완(2003). 대안 비즈니스의 활성화, Avatar 서비스. 문
화예술, 2003년 3월호, 한국문화예술진흥원, 88에서 재구성.

Ⅲ. 국내의 문화산업 및 Avatar 복식

1. 문화산업의 현황

문화산업은 최근에 정보통신기술의 급속한 발달로 디지털 콘텐츠분야를 문화산업의 범위에 대부분 포함시키고 있다. 그 내용을 살펴보면 다음과 같다.

1) 세계 문화산업의 현황

UNESCO가 2000년에 발표한 세계 문화상품의 분야별 교역량을 살펴보면 문화상품의 수·출입 규모가 양적으로 크게 성장하였음을 알 수 있다. 가장 성장률이 큰 것은 음악분야이며, 게임 및 스포츠용품의 성장률 역시 증가했음을 알 수 있다 <Table 7>.

2001년 문화관광부에서는 「세계 주요 문화콘텐츠 시장 전망」을 통하여 문화콘텐츠 시장 규모가 2000년에는 7,192억 달러에서 2003년에는 9,682억 달러로 성장할 것으로 전망하고 있다. 분야별 전망에서는 게임산업이 연평균 30.2%로 가장 높은 성장을 할 것으로 전망하고 있다. 전체적인 문화콘텐츠산업의 연평균 증가율은 8.7%로서, 이는 80년대 3.4%, 90년대 2.5%(World Bank, 2001)의 세계 연평균 GDP 증가율에 비하여 문화산업의 성장속도는 GDP의 성장속도를 3배가량 상회하고 있다<Table 8>.

\<Table 7\> 세계 문화상품의 분야별 교역량

(단위: 백만 달러, %)

구 분	1980				1998			
	수 입		수 출		수 입		수 출	
	금액	비중	금액	비중	금액	비중	금액	비중
출판물 및 서적	7,399	15.5	7,623	16.0	25,478	11.9	25,618	14.7
음 악	8,557	17.9	9,040	19.0	50,870	23.8	47,618	27.3
시각예술	4,979	10.4	3,559	7.5	14,992	7.0	9,855	5.7
영화 및 사진	9,679	20.2	10,213	21.5	29,339	13.7	27,855	16.0
라디오 및 TV	9,615	20.1	10,640	22.4	40,880	19.1	34,740	19.9
게임 및 스포츠용품	7,610	15.9	6,425	13.5	52,096	24.4	28,586	16.4
합 계	47,839	100	47,501	100	213,655	100	174,272	100

* 출처: UNESCO(2000). *International flows of selected cultural goods 1980~98.*

\<Table 8\> 세계 주요 문화콘텐츠 시장 전망

(단위: 억 달러)

구 분	2000년	2003년	연평균 증가율(%)
출 판	3,236	3,746	5.4
영 화	680	824	6.6
방 송	1,680	2,000	6.0
음 반	384	446	5.1
게 임	1,212	2,666	30.2
합 계	7,192	9,682	8.7

* 출처: 문화관광부(2001). 콘텐츠 코리아 비전 21. p.29.

　아날로그 사회에서 디지털 사회로의 전환은 사회구조를 line-work에서 network로, 행동양식은 physical접촉에서 cyber접촉으로, 문화와 산업이 분리된 구조에서 통합된 구조로의 변화를 가져왔다. 즉, 디지털사회는 네트워크 사회구조, 사이버 행동양식, 참여주의적 문화로 대별될 수 있다. 이러한 디지털 사회가 콘텐츠산업에 미친 영향을 살펴보면, 온라인 게임, 온라인 음악, 원격교육분야의 성장에 큰 성장을 가져왔다. <Table 9>에서 볼 수 있듯이 게임시장에서의 연평균 성장률이 28%로 예상되나 온라인 게임에서는 92%의 연평균 성장률이 예측되고 있다. 또한 온라인 음악은 80%의 연평균 성장률이 예측되고 있다. 다시 말해, 디지털기술의 발달은 전통적 문화산업 가운데서 디지털화의 가능성이 높은 콘텐츠산업의 성장에 크게 기여하고 있는 것이다.

<Table 9> 세계 IT 및 콘텐츠산업 시장규모 전망

(단위: 백만 불)

구 분		1998년	1999년	2000년	2001년	2002년	2005년	평균 성장률
IT 하드웨어		839,809	869,094	908,780	955,766	1,008,781	1,160,844	5%
IT 소프트웨어		137,209	157,579	179,477	203,211	230,128	340,945	14%
문화 콘텐츠	뉴스 및 출판	90,504	92,199	105,310	118,787	132,843	176,814	10%
	원격 교육	500	1,100	2,300	4,100	7,200	53,387	95%
	영화 및 애니메이션 (웹애니메이션)	50,577 (63)	53,333 (75)	58,531 (86)	62,067 (97)	68,196 (109)	85,907 (166)	8% (15%)
	게임 (온라인게임)	88,458 (81)	104,538 (168)	130,002 (345)	170,429 (652)	234,028 (1,100)	490,792 (7,786)	28% (92%)
	음악 (온라인뮤직)	38,700 (152)	38,500 (327)	40,300 (586)	42,700 (986)	44,800 (1,601)	50,394 (9,337)	4% (80%)
	광고	236,200	305,100	330,300	352,100	373,200	457,186	7%
	멀티미디어 콘텐츠 S/W	39,100	52,200	69,600	92,800	123,700	291,021	33%

* 출처: 문화관광부(2001). 문화정책 백서.

또한, 세계 각국은 문화산업을 전략분야로 설정하고 문화산업 육성에 박차를 가하고 있다. 미국의 경우는 자국의 영상산업이 2005년 세계시장의 70%를 점유할 것으로 기대하며, 영상산업을 군수산업과 더불어 2대 국가 주력산업으로 간주하고 있다. 유럽은 1995년부터 'INFO 2000' 프로젝트를 추진하여 총 6천 5백만 Euro의 투자를 추진하고 있으며, 영국의 경우는 콘텐츠산업을 창조산업(creative industry)으로 명명하고 GDP 대비 비중 10% 달성과 100만개 일자리 창출을 목표로 하고 있다. 우리나라도 문화산업을 21세기 국가기간산업으로 명명하고 진흥, 육성하고 있다. 한국 문화산업의 시장규모는 2001년 13조 8천억 원이며 연평균 28%의 높은 성장률을 보이고 있다<Table 10>.

이 같은 성장률은 2000년에서 2002년 상반기까지의 우리나라 평균 경제성장률 6.1%와 비교할 때 우리나라 문화산업이 급속한 성장을 하고 있음을 보여준다<Table 11>.

<Table 10> 한국 문화산업의 시장규모

(억 원)

구 분	1999	2001	2003	연평균성장률 (1999~2003)
영 화	6,614	10,350	11,425	18%
방 송	30,750	64,000	76,000	37%
음 악	3,800	4,925	6,650	19%
게 임	9,014	14,454	28,253	53%
애니메이션	2,700	3,294	4,050	12%
캐릭터	32,200	41,000	53,520	17%
합 계	85,078	138,023	179,898	28%

* 주: 2001년의 영화, 음반, 애니메이션은 추정치
* 출처: 삼성경제연구소(2003). *Ceo information,* 제361호, p.4.

<Table 11> 최근 우리나라 경제성장률

	GDP*(단위: 억 원)	GDP성장률**(%)
2000	519,227	9.3
2001	545,013	3.0
2002(상반기)	279,544	6.1

* 조사시점 가치기준(GDP at current prices)
* 불변가치기준(Growth rate of GDP at constant prices)
* 출처: 문화관광부(2002). 문화산업백서. p.29.

2) 국내 문화산업의 현황

한국문화콘텐츠진흥원이 실시한 「문화콘텐츠산업 경기실사지수(CT-BSI) <2003년 1/4분기 전망 조사결과>」[9]를 <Table 12>를 통하여 분석해 보면, 2002년 4/4분기 문화콘텐츠산업 CT-BSI[10]는 71.5로 3/4기(84.0)보다 하락한 것으로 조사되어 경기 침체가 지속되었던 것으로 보인다.

---

9) 한국문화콘텐츠진흥원에서 2002년 12월 3일부터 2002년 12월 30일까지 실시한 문화콘텐츠산업 경기실사지수(CT-BSI) 2003년 1사분기 전망 조사는 문화콘텐츠산업 경기 관련 전반에 관해 실제 경영을 담당하고 있는 기업가들의 설문조사를 자료로 문화콘텐츠산업의 경기 변동방향 측정과 전망을 판단하는 조사이다.
10) Culture Technology Business Survey Index: 가중치를 부여한 고유의 문화콘텐츠산업 BSI.
   <문화콘텐츠산업경기전망지수(CT-BSI) 계산>-5점 척도 BSI=(매우감소 응답빈도*0+다소감소 응답빈도*50+불변 응답빈도*100+다소증가 응답빈도*150+매우 증가 응답빈도*200)/전체응답빈도수
   <BSI 값의 범위>-0에서 200 사이의 값-BSI가 100 이상이면 전 분기보다 호전, 100 미만이면 전 분기보다 악화, 100이면 전분기와 보합 수준이라고 해석할 수 있음.

　대부분의 기업가들은 경기침체로 인하여 산업분야별로는 게임(89.1)과 애니메이션(82.8)은 경기 침체가 계속되었고, 영화(66.7) 및 캐릭터(59.9)는 경기가 악화되었으며, 만화(50.0)와 음악(45.9) 산업은 경기 악화가 지속된 것으로 보고 있다. 그러나 2003년 1/4분기 CT-BSI는 104.1로 경기가 다소 호조 될 것으로 예상되며, 분야별로는 게임(130.4)의 경기가 가장 많이 호전될 것으로 보이고, 애니메이션(115.6)은 다소 호전, 캐릭터(96.1)와 영화(90.9)는 보합세 혹은 다소 침체가 예상되며, 음악(75.7)과 만화(65.9)는 2003년 1/4분기에도 여전히 경기악화가 지속될 것으로 전망하였다. 따라서 문화콘텐츠산업 경기에 대한 장기적 전망은 낙관적으로 보이며, 그 중에서도 애니메이션, 게임, 캐릭터분야에 대한 경기전망지수는 다른 산업분야에 비하여 상대적으로 높게 나타나고 있다. 이는 문화콘텐츠산업의 경영자들 중심으로 게임, 애니메이션, 캐릭터산업에 대한 경기전망을 희망적으로 판단하고 있으며, 경제적 가능성에 대하여 기대하고 있는 것으로 분석된다.

<Table 12> 문화콘텐츠산업분야 분기별 CT-BSI 분석

(단위: %)

분 야	2002년 2/4분기	2002년 3/4분기	2002년 4/4분기	2003년 1/4분기
전체산업	73.2	84.0	71.5	(104.1)
애니메이션	75.0	84.0	82.8	(115.6)
캐릭터	74.0	87.7	59.8	(96.1)
만 화	51.8	67.9	50.0	(65.9)
음 악	50.0	76.1	45.9	(75.7)
게 임	91.8	98.9	89.1	(130.4)
영 화	67.1	64.8	66.7	(90.9)

* 주: ( )내는 전망치
* 출처: 한국문화콘텐츠진흥원(2003). 문화콘텐츠산업 경기실사지
  수(CT-BSI): 2003년 1/4분기 전망 조사

경기전망을 낙관적으로 판단하고 있는 사업별로 살펴보면, 2002년 게임산업계의 주요동향은 국내 비디오게임시장의 본격 형성, 온라인게임 사전등급심의제 시행, 모바일게임 1천억 대 시장형성, PC 패키지 게임 침체의 가속화가 주요 이슈였다. 그러나 게임산업계에 대한 BSI[11]의 긍정적 판단원인은 영화

---

11) BSI(business survey index, 기업경기실사지수)는 경기 동향에 대한 기
   업가들의 판단·예측·계획의 변화추이를 관찰하여 지수화한 지표로
   주요 업종의 경기 동향과 전망, 그리고 기업 경영의 문제점을 파악하여
   기업의 경영계획 및 경기대응책 수립에 필요한 기초 자료로 이용하기
   위한 지표이다. 다른 경기관련 자료와 달리 기업가의 주관적이고 심리

와 애니메이션 등 관련 산업과의 성장과 더불어 '반지의 제왕'(Fig. 4), '해리포터와 마법사의 돌'(Fig. 5) 등 대작 영화의 게임화, 또는 '디지몬'(Fig. 6), '큐빅스'(Fig. 7) 등 애니메이션의 게임사업화 등을 통한 가능성의 확인을 통한 시장의 긍정적 반응이다. 또한, 2002년 국산 온라인・모바일게임의 개발로 인한 2003년의 해외진출에 대한 기대 등이 긍정적 요인으로 작용하였다.

적인 요소까지 조사가 가능하므로 경제정책을 입안하는 데도 중요한 자료로 활용된다.

지수계산은 설문지를 통하여 집계된 전체응답자 중 전기에 비하여 호전되었다고 답한 업체수의 비율과 악화되었다고 답한 업체수의 비율을 차감한 다음 100을 더해 계산한다. 예를 들면 긍정과 부정의 응답이 각각 80%와 60%라면 80에서 60을 차감한 다음 100을 더해 120이 된다. 따라서 향후 경기가 좋아질 것이라는 대답이 나빠질 것이라는 대답보다 20%가 많다는 것을 의미하는데, 일반적으로 지수가 100 이상이면 경기가 좋고 100 미만이면 경기가 안 좋다고 판단하게 된다. 미국・일본 등 50여 개국에서 실시하고 있으며, 한국은 한국은행을 비롯하여 산업은행・상공회의소・전국경제인연합회 등에서 분기별 또는 월별로 이를 조사하여 발표하고 있다.

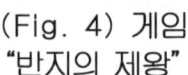

(Fig. 4) 게임
"반지의 제왕"

(Fig. 5) 게임
"해리포터와 마법사의 돌"

* 출처: http://with.lgeshop.com/jsp/jseip_Prdltm.jsp?ecpid=1044982(좌)
* 출처: http://harrypotter.ea.co.kr(우)

(Fig. 6) 국산
애니메이션 '큐빅스'

(Fig. 7) 디지몬 RPG
(Role Playing Game)

* 출처: http://www.ecubix.co.kr   * 출처: http://digimon.nate.com

애니메이션의 경우, 2차원에 3차원이 가미된 '퓨전 애니메이션(fusion animation)'을 고안한 일본 지브리(Ghibli) 스튜디오의 기술력과 미야자키 하야오(宮崎駿)감독의 공동작품으로 탄생한 '센과 치히로의 행방불명(Spirited Away)'(Fig. 8)의 2002년 여름시즌 관객 250만 흥행성공이 애니메이션산업의 주된 긍정적 판단요인으로 분석된다. 특히, 이 작품은 일본 고대 신화, 토테미즘, 귀신·둔갑 이야기 등 일본전통적 소재와 더불어 희소하고 신비롭지만 친근한 소재를 발굴한 점에서 주목할 만하다.

캐릭터산업의 경우, (주)씨엘코 엔터테인먼트(CLKO Entertainment)의 2001년 2월 국내캐릭터 '마시마로(Mashimaro)'(Fig. 9)의 캐릭터 비즈니스의 성공은 국내 캐릭터 성공 가능성과 웹 애니메이션 제작의 활성화를 가져왔다. <Table 13>에서 보는 바와 같이 2000년도 국산캐릭터는 '둘리' 하나로 선호도 1위인 닌텐도(Nintendo)가 제작한 '포켓몬스터'의 절반수준이었다. 그러나 2001년 마시마로의 선호도는 디즈니(Disney)사의 푸우의 4배 이상의 선호도를 보여주고 있다. 이는 한국 문화의 문화산업으로서의 성공가능성을 보여준다고 하겠다.

64

（Fig. 8）애니메이션
'센과 치히로의 행방불명'

（Fig. 9）국산캐릭터
"마시마로(Mashimaro)"

＊ 출처: http://www.nausicaa.net
　　　　/miyazaki/

＊ 출처: http://www.clko.com

<Table 13> 국내 캐릭터 시장의 선호도

(단위: %)

순위	2000년			2001년		
	캐릭터	선호도	국 적	캐릭터	선호도	국 적
1	포켓몬스터	10.8	일 본	마시마로	22.0	한 국
2	키 티	7.8	일 본	졸라맨	5.5	한 국
3	텔레토비	6.8	영 국	푸 우	5.3	미 국
4	둘 리	6.1	한 국	키 티	3.7	일 본
5	짱 구	5.8	일 본	둘 리	3.6	한 국

＊ 출처: 문화관광부(2002). 문화산업백서. p.500에서 재구성

국내 문화콘텐츠산업의 활성화와 문화콘텐츠산업의 비즈니스 시장의 활성화 방안으로 최근 가능성을 보여주는 것이 Avatar 서비스이다. Avatar는 기존 애니메이션이나 게임 시장의 차별화 된 모델로서 새로운 수익모델로 검증되고 있다. 디지털콘텐츠의 틈새시장은 기술발달을 통한 Avatar 서비스의 독창적 사업모델을 제시하고 있다. 캐릭터와 애니메이션 비즈니스의 한계를 차별적으로 전환시킨 Avatar 서비스의 경우, 시의 적절한 오프라인과의 마케팅 등을 통하여 신세대 네티즌들에게 실제공간과 사이버공간으로 자아를 이분화시킴으로서 새로운 시장수요를 창출시킨 성공사례이다. 특히 Avatar 아이템의 주력인 복식은 전통문화의 콘텐츠가 거의 없는 실정이기에 세계문화산업 시장과 국내문화산업 시장의 동향을 살펴본 바로는 그 가치의 중요성과 희귀성에서 뛰어나다고 할 수 있을 것이다.

2. Avatar 복식 현황 및 분석

1) 국내 Avatar 복식 시장 현황

2000년대에 들어서면서 웹 애니메이션과 인터넷 e-business 벤처기업을 중심으로 Avatar 열풍이 불기 시작하면서 Avatar는 사업화에 본격화 단계에 돌입하게 되었다. 초기의 Avatar는 E-메일이나 E-카드의 응용캐릭터 그래픽으로 개발되었고, 점차 발전된 형태의 Avatar는 온라인 게임의 발전과 더불어 온라인게임, 채팅, 커뮤니티 서비스 형태에서 캐릭터로서 현실화되기 시작하였고 Avatar 복식의 경우 Avatar 꾸미기의 주된 아이템이 되었다.

Avatar의 서비스를 처음 선보인 Neowiz사의 '세이클럽(www.sayclub.com)'의 경우, 2001년 한 해 동안 200억 원대의 시장을 형성했다. 1999년 7월 세이클럽은 2000년 인터넷 채팅 열풍을 선도하면서 650만 명의 회원을 확보했다. 서비스를 시작한 첫날 세이클럽은 1,000만원의 매출을 올렸다. 그 해 11월 1억 7,000만원의 매출을 기록한 Avatar 서비스는 2001년 3월부터는 월 10억 원 이상의 매출을 올렸다. Neowiz 측은 2001년은 세이클럽 매출(143억 원)이 Neowiz의 전체 매출(315억 원)의 절반 이상을 차지해 Neowiz의 주력 사업이 2000년 매출 96%를 점유했던 원클릭에서 Avatar로 전환되는 의미 있는 해였다고 밝혔다. Neowiz는 2002년 전체 매출의 90% 이상을 세이클럽 Avatar 비즈니스에서 올릴 계획을 구상하였다. Avatar 판매와 함께 회원수도 꾸준히 증가하여, 2001년 말 회원수는 1,400만 명. 이 중 유료회원은 200만 명을 넘는다. 또한, 'Avatar 의 상연구동호회' 같은 인터넷 커뮤니티도 생겼다고 한다.

나이키(Nike), 필라(Fila) 등 세계 유명 패션업계들과 바비(Barbie)인형 등 세계 유명브랜드들이 한국의 Avatar 복식시장에 관심을 집중하고 있다고 월스트리트 저널이 보도하였다 (2002년 6월 12일). 이 신문은 한국의 인터넷 채팅서비스인 세이클럽이 2000년 처음으로 Avatar 서비스를 시작한 이후 인기가 급상승함에 따라 세계 유명 브랜드들도 자사 홍보의 수단

으로 잇따라 한국의 Avatar시장 공략에 나서고 있다고 소개했
다. 세이클럽에는 Nike를 비롯해 Fila, 스포츠 리플레이(Sport
Replay), Barbie에서 제공하는 Avatar용 의상과 액세서리 등
을 쇼핑몰에서 구입할 수 있는데 상품 범위도 점차 넓어지고
있다. 특히 Nike 요가·싸이클·런닝 의상은 출시하자마자 가
장 잘 팔리는 아이템으로 선정되었다. 2003년 세이클럽에 입
점해있는 브랜드는 Fila, Barbie, 캐너비(Carnaby), 서스데이
아일랜드(Thursday Island), 엔진(N'GENE)로 총 5개이다
<Table 14>.

2002년 10월부터 Avatar 서비스를 시작한 네이트닷컴도 후부
(Fubu)·마루(Maru)·아디다스(Adidas)등 유명 의류업체와 계약
을 맺었다. 네이트닷컴의 Avatar 의류아이템은 실제 의류의 패턴
과 삽입모양, 로고, 색상을 그대로 구현한 것이다. 2003년 현재
Avatar 입점해 있는 브랜드는 총 10개의 브랜드이다<Table 15>.

한국 마이크로소프트사(Microsoft)에서 운영하는 MSN(www.
msn.co.kr)은 메신저 Avatar 유료서비스를 MSN 메신저파워플러스
를 통하여 2003년 2월부터 시작하였다. MSN 메신저가 전 세계에서
서비스되고 있지만 Avatar로 수익사업을 시작한 것은 한국이 처음
이다. 또한 MSN은 2002년 여름 유행할 수영복 신상품들을 오프라
인 매장 전시에 앞서 온라인 Avatar몰에 대거 소개해서 인기를 끌
었다. 특히 MSN이 선보인 수영복들은 현직 유명 스타일리스트들
의 자문을 얻어 제작한 것으로, 실제 오프라인 매장에서도 구입할
수 있게 하였다. 또한 2003년 11월부터 푸마(Puma) 브랜드를 입점
시켰으며, 지속적인 의류브랜드 입점이 전망되어 진다<Table 16>.

<Table 17>과 (부록 2)에서 제시한 것과 같이 사이트별 입점 패션브랜드들은 단품위주의 복식 아이템보다는 자사의 브랜드 이미지를 나타낼 수 있는 코디네이션 아이템위주로 아이템 구성을 하고 있으며, 오프라인에서 판매하지 않는 아이템을 시범적으로 제시함으로써 온라인상에서 미리 소비자의 반응을 알아보는데 복식 Avatar를 활용하고 있다. 또한 Avatar몰의 다양한 이벤트를 통한 자사 패션제품의 경품제공과 PPL을 이용한 자사 브랜드의 홍보를 통하여 브랜드 마케팅을 시도하고 있다.

세이클럽의 경우, Fila, Barbie, Carnaby, Thursday Island, N'GENE으로 총 5개의 입점 브랜드가 주로 Casual Wear와 Sports Wear로 특징지어진다. 네이트닷컴의 경우, 문진숙 웨딩, 퀵실버(Quicksilver), Fubu, Maru, 노튼(Noton), 미쓰 식스티(Miss Sixty), asap, 로질리(Rouzili), 올리브데올리브(OLIVEdesOLIVE), 온앤온(On & On)으로 총 10개의 입점브랜드로 웨딩의상, Sports Casual, Urban Naturalism, Young Casual 등의 다양한 브랜드 Avatar 아이템으로 구성되어 있다. MSN 메신저 파워플러스의 경우 Puma 브랜드 입점으로 Sports Casual 아이템위주로 전개하고 있으나 향후 다양한 브랜드 입점을 계획 중이다.

이와 같은 다양한 브랜드 입점의 경향은 젊은 층의 인터넷 소비자들의 브랜드 지향적인 소비성향을 Avatar 의복에서도 반영되는 것이다. 실물 구매의 경우보다 인터넷상에서 제품을 구매할 경우에 소비자들은 자신의 경험에 근거한 경험재를 구매하는 경향이 강하다. 다시 말해, Avatar 의상의 경우도 이전

에 자신이 구매 경험이 있거나 상표 또는 기업 인지도가 높은
의류를 구매하는 경향이 짙다는 것이다. 따라서 Avatar 의상
마케팅의 경우, 인터넷을 이용한 상표공동체를 형성하고 이를
데이터베이스화함으로써 소비자들과 지속적인 네트워크 구성
이 중요하며, 자체 상표 또는 브랜드 개발이 중요하다.

<Table 14> 세이클럽 입점 브랜드

브랜드명	대표적 Avatar 의상 및 이미지	
Fila	FILA-다운자켓+모.... 4900 [상세정보] 선물받기 구매 선물 희망	FILA-다운자켓과 털. 4900 [상세정보] 선물받기 구매 선물 희망
Barbie	내 친구 두건바비걸 3000 [상세정보] 선물받기 구매 선물 희망	안녕! 내 친구 2900 [상세정보] 선물받기 구매 선물 희망
Carnaby	CARNABY-브라운코 4900 [상세정보] 선물받기 구매 선물 희망	CARNABY-빨간스웨 4900 [상세정보] 선물받기 구매 선물 희망
Thursday Island	모직체크+워싱진 4900 [상세정보] 선물받기 구매 선물 희망	블랙패딩+골덴바지 4900 [상세정보] 선물받기 구매 선물 희망
N'GENE	슬리브리스+디카 1600 [상세정보] 선물받기 구매 선물 희망	롤업 스카이진 1450 [상세정보] 선물받기 구매 선물 희망

<Table 15> 네이트닷컴 입점 브랜드

브랜드명	대표적 Avatar 의상 및 이미지		
문진숙웨딩	수줍은 웨딩마치 가격:4,400원 선물 상세/코디제안	도발적인 그녀 가격:2,500원 선물 상세/코디제안	환상적인걸 가격:2,500원 선물 상세/코디제안
Quicksilver	큐트 캐주얼 룩 가격:2,400원 선물 상세/코디제안	산뜻한 외출 가격:2,400원 선물 상세/코디제안	퀵실버 레이어드 룩 가격:2,400원 선물 상세/코디제안
Fubu	프러후부걸 가격:2,900원 선물 상세/코디제안	프리스타일 가격:2,400원 선물 상세/코디제안	네츄럴 후부걸 가격:2,400원 선물 상세/코디제안
Maru	마루 점퍼 룩 가격:2,400원 선물 상세/코디제안	마루 루즈 룩 가격:2,200원 선물 상세/코디제안	심플 베이지 원 피스 가격:2,300원 선물 상세/코디제안
Noton	V-NECK 가디건 가격:1,900원 선물 상세/코디제안	줄무늬 스웨터 가격:1,900원 선물 상세/코디제안	기본 브이넥가디 건 가격:1,900원 선물 상세/코디제안
Miss Sixty	miss가슴속여인 가격:2,500원 선물 상세/코디제안	데님 섹시스커트 가격:2,500원 선물 상세/코디제안	miss 무한자유 가격:2,500원 선물 상세/코디제안

브랜드명	대표적 Avatar 의상 및 이미지		
asap	포근한 니트걸 가격:2,400원 선물 상세/코디제안	시선 집중~!! 가격:2,400원 선물 상세/코디제안	베스트 큐티걸 가격:2,400원 선물 상세/코디제안
Rouzili	분홍 레이스 정장 가격:2,300원 선물 상세/코디제안	깜직 레이스 가격:2,300원 선물 상세/코디제안	청자켓과 원피스 가격:2,400원 선물 상세/코디제안
OLIVEdesO LIVE	나이스데이 올리브걸 가격:2,300원 선물 상세/코디제안	피스리더 올리브걸 가격:2,300원 선물 상세/코디제안	올리브 큐트자켓 가격:2,300원 선물 상세/코디제안
On & On	블랙 러닝 톱정장 가격:2,300원 선물 상세/코디제안	심플 온앤온 걸 가격:2,300원 선물 상세/코디제안	자수프런트티&스커트 가격:2,200원 선물 상세/코디제안

<Table 16> MSN 메신저파워플러스 입점 브랜드

브랜드명	대표적 Avatar 의상 및 이미지	
Puma	푸마 오리지널뉴트럭.. 2,800원 [상세보기] [찜하기][조르기] 구매 선물	Motor 라이더 .. 3,200원 [상세보기] [찜하기][조르기] 구매 선물

<Table 17> 국내 포털 사이트의 입점 패션브랜드와 특징

사이트	입점 Fashion Brand	특 징
세이클럽	Fila	기본적인 Sports Wear에서부터 수영복, 골프복, 보드복까지 타브랜드보다 다양한 아이템구성,
	Barbie	의상아이템뿐만 아니라 실제 Barbie인형을 꾸밀 수 있는 배경, 별장, 헤어 등의 다양한 아이템 구성
	Carnaby	데님을 기본으로 한 퓨전 락 Jean Character Casual로 진 아이템의 다양한 구성
	Thursday Island	자연주의 성향 트랜드 Casual Wear로 구성
	N'GENE	유니섹스 캐쥬얼웨어 다른 입점 브랜드보다 단품위주의 아이템 구성
네이트닷컴	문진숙웨딩	웨딩에 필요한 아이템을 의상에서부터 웨딩홀, 들러리, 헤어, 배경, 웨딩카 등을 아이템을 제공
	Quicksilver	패션성과 활동성을 동시에 만족할 수 있는 Sports Casual의 코디네이션 아이템 위주로 구성
	Fubu	Urban Sport Casual의 코디네이션 아이템으로 구성
	Maru	Urban Naturalism으로 실제 브랜드 의복보다는 감각적인 아이템으로 구성
	Noton	Soft Traditional Casual의 코디네이션 아이템으로 구성
	Miss Sixty	60-80년대의 복고적인 요소를 이용한 Glamourous하고 sexy한 이미지의 아이템으로 구성
	asap	구매자가 Sexy idol star와 유사한 이미지를 연출할 수 있는 아이템 구성
	Rouzili	순수하고 발랄한 이미지의 캐릭터 캐주얼 아이템으로 구성
	OlivedesOlive	스포티함과 큐티함을 강조한 여성스러운 아이템으로 구성
	On & On	심플하면서 여성스러운 감성의 Young Character Casual 아이템으로 구성
MSN 메신저 파워플러스	Puma	스포츠룩을 위한 의상아이템으로 PPL 프로모션

2) 국내 Avatar 복식 시장 분석

(1) Avatar 서비스 제공 사이트의 서비스 형태 및 아이템 분석

Avatar 서비스가 가장 많이 나타나고 있는 영역은 채팅서비스와 가상공동체(cyber community)[12] 서비스이다. Avatar 서비스가 시작된 이후 채팅사이트와 가상공동체사이트의 서비스 형태는 무료에서 유료서비스로 전환되고 있는 양상을 보여주고 있다. 가상공간에서 Avatar는 사용자들의 인터넷 이용 시 심리적 동기의 이중성을 보여주고 있는 것으로 보인다. 즉, 상대방에게 자신을 보여주는 분신인 Avatar는 실제 자신과 전혀 닮지 않는 이미지상의 캐릭터로 디자인되고 텍스트를 이용한 커뮤니케이션이 발생함으로써 Avatar의 형태가 다양하게 꾸며지게 된다. <Table 18>에서 분석한 바와 같이 Avatar 꾸미기 주된 아이템으로 사용되는 복식은, 1년 사이에 2배 이상의 아이템별 가격상승으로 Avatar 비즈니스의 주된 수익아이템이다.

---

12) 가상공동체의 정의는 Rheingold(1993)가 "충분한 수의 사람들이 인간적 감정을 가지고 사이버 스페이스상에서 인간관계의 망을 형성하기 위하여 지속적인 공적 토론(public discussion)을 수행할 때 넷 상에 출현하는 사회적 모임(social aggregation)"으로 정의하였고, Fernback & Thompson(1995)은 "관심 있는 주제로 정해지는 경계나 공간 속에서 반복적인 접촉을 바탕으로 가상공간에서 발달되어진 사회적 관계(social relationship)"로 정의하였다. 또한 Hagel & Armstrong(1997)은 "구성원들에 의한 자생적 콘텐츠(member-generated content)에 중점을 두고 커뮤니케이션과 콘텐츠의 통합이 존재하는, 컴퓨터를 매개로 하여 구착된 공간(computer mediated space)"으로 정의하였으며, Jones(2000)은 "그룹 CMC(Computer Mediated Communication)를 지원하는 컴퓨터 매개 고안을 통하여 모인 사람들이 상호 작용하는 집단"이라 정의하였다.

국내 Avatar 복식 시장의 분석을 위하여 2002년 6월부터 2003년 9월까지 대표적 포털 사이트 4곳과 Avatar 채팅 서비스 사이트 8곳의 서비스형태, 아이템의 종류, 아이템 가격대, 한국 복식 아이템 유무 등을 조사, 분석하였다<Table 19와 22>.

<Table 18> 2002, 2003년 국내 Avatar 아이템 서비스 요금

(단위: 원)

Avatar 아이템	2002년 서비스요금	2003년 서비스 요금
상 의	200~1,100	300~2,000
하 의	200~1,100	200~1,900
한 벌	1,000~2,500	1,000~8,700
명품관	3,800원~6,100	3,900~10,100
배경+의상	-	1,600~6,200
특수의상	3,500원~4,000	2,800~4,000
액세서리	100~1,500	100~3,700
헤 어	300~1,300	300~1,800
성형수술	1,000~1,800	100~1,800
Pet Shop	500~2,300	400~2,500

<Table 18>에 의하면 대부분의 국내 Avatar 서비스 사이트 들은 상, 하의 모두 평균 2배 이상의 가격상승과 단품보다는 한 벌 위주의 세트상품으로 구성하여 제품의 가격을 인상하고 있으며, 명품관의 지속적인 확장으로 오프라인과 같은 명품족 탄생을 Avatar를 통하여 온라인에서도 생성하고 있다. 주된

Avatar 아이템 구매자가 10-20대인점을 감안한다면, 이는 온라인에서도 오프라인과 같은 의복구매 행태가 나타나고 있다는 것을 보여준다.

　<Table 19>에 의하면 대표적 포털 사이트는 수익기준으로 2003년 신규 Avatar 서비스 업체인 MSN 메신저 파워플러스를 포함한 세이클럽, 프리챌, 다음 4개를 선정하였다. 또한 Avatar 채팅서비스 사이트는 연령별 사용자의 고른 분포를 위한 어린이 위주의 사이트인 아이마루와 현재 Avatar 모델링의 2D에서 3D의 전환을 고려하여 헬로우 Avatar 채팅을 포함한 8곳의 사이트를 선정하였다.

<Table 19> 국내 대표적 포털 사이트의 서비스형태, 아이
템의 종류, 아이템 가격대, 한국복식 아이템
분석(2003년 9월 현재)

(단위: 원)

	세이클럽	프리챌	다음	MSN 메신저 파워플러스
서비스 형태	가상공간 설계, 장르방송, 드라마, 커뮤니티 서비스, Avatar를 이용한 채팅, 게임 등을 제공하는 포털 사이트	Avatar를 이용한 채팅, 커뮤니티 서비스 게임, 쇼핑몰 검색 등을 제공하는 포털 사이트	Avatar를 이용한 채팅 커뮤니티 서비스, 게임, 쇼핑몰, 검색 등을 제공하는 포털 사이트	Avatar를 이용한 채팅, 쇼핑몰, 일정관리 등의 포털 사이트
아이템 종류	일반의상, 명품, 데코Shop, 헤어, 염색, 사이버 펫 등	일반의상, 스타의상, KBS Shop 등	일반의상, 파티복, 전통의상, 액세서리, 스타 Shop 등	일반의상, 테마의상, 파티의상 등
가격	한벌의상 2,000~6,500	1,800~8,700	1,500~5,700	450~3,600
	테마/명품 2,450~6,500	3,900~10,100	1,800~4,500	450~4,500
	소품 100~3,700	50~2,800	500~3,200	100~1,500
한국복식	존재 ○	○	○	○
	종류및수량 테마Shop의 고급의상 중 파티의상 (3개)	테마존의 특수의상 (11개) 명품존의 드레스/파티복 (12개)	패션의류의 전통의상 (49개)	테마Shop의 파티의상 (16개)

　세이클럽의 경우, 서비스 형태는 기본적인 포털 사이트의 정보검색과 Avatar를 이용한 채팅, 커뮤니티 서비스가 주를 이룬다. 세이클럽의 서비스 형태 중 특이한 것은 개인 홈피인 가상공간 설계를 통하여 Avatar를 통한 이용효과를 극대화하고 있다. 아이템의 종류에서도 명품관, 고급의상 등의 일반의 상과 차별화를 통한 Avatar 의상을 마케팅에 주력하고 있다. 가격대는 한 벌 의상이 2,000~6,500원, 테마 한 벌 의상이 2,450~6,500원, 소품이 100~3,700원으로 형성되어 있다. 작년 대비 2~3배의 가격상승을 나타내고 있다. 한복아이템의 경우 전체 약 2,000여개의 아이템 중 한국복식은 단 3개의 아이템 만 존재하며 복식 명칭의 경우 '마당쇠', '어우동', 'Emperor of Korea' 등의 명칭기재로 불합리적인 명칭으로 표현되고 있다.

　프리챌의 경우, 서비스 형태는 기본적인 포털 사이트의 서비스와 유사하며, Avatar의 경우는 채팅과 커뮤니티 서비스가 주된 서비스 형태를 이룬다. 아이템의 종류에 있어서는 일반 의상, 명품의상, KBS Shop 등을 통한 아이템 제공을 하고 있다. 주목할 점은 KBS Shop을 통하여 드라마 "상두야 학교가 자"의 주인공 차상두, 채은환, 한세라, 윤희서 등의 복식 아이 템을 Avatar 복식 아이템으로 제공함으로써 문화산업의 윈도 우효과를 활용한 Avatar 복식 마케팅을 펼치고 있다. 또한 가 격대 역시 명품의상, TV스타 의상을 활용한 KBS Shop을 통 하여 한 벌 의상이 1,800~8,700원, 명품 한 벌 의상이 3,900~ 10,100원, 소품이 50~2,800원으로 형성되어 있으며, 이는 국내 의 현존 Avatar 복식 가격대중에서 가장 높은 가격대를 형성

하고 있다. 한국복식 아이템의 경우 테마존의 특수의상에 11
개, 명품존의 드레스/파티복에 12개로 총 23개의 한국복식 아
이템이 존재하였다. 그러나 명칭기재의 경우 '남자 한복셋', '박
대감', '새신랑', '새색시', '어우동', '노블레스셋', '색동 소녀셋'
등으로 기재하여 한국복식의 아이템별 공식명칭은 사용하지
않고 있는 것으로 분석되었다.

　다음의 경우, 서비스 형태는 세이클럽과 프리챌과 유사하였
으며, 아이템 종류에 있어서는 일반의상, 파티복, 전통의상, 액
세서리, 스타Shop 등으로 구성되어 있다. 특별히 아이템 종류
에서 전통의상을 따로 분류하여 개설하였으며, 49개의 한국복
식 아이템을 제공하고 있다. 이는 4개의 포털 사이트 중 가장
많은 한국복식 아이템이며, 한국복식을 전통 의상Shop으로 따
로 분류하여 제공하였다는데 의의가 있다. 그러나 다음의 전
체 아이템 3,000여 개에서 한국복식 49개가 차지하는 비중은
1.6%로 매우 낮은 비중이다. 아이템 가격대는 한 벌 의상이
1,500~5,700원, 테마 한 벌 의상이 1,800~4,500원, 소품이 500~
3,200원의 가격대를 형성하고 있다. 아이템별 명칭을 살펴보면,
"조기 장만하세요", "새해 복 많이 받으세요", "그네 타는 봄
처녀" "그 입 다물라" 등으로 다른 사이트와 동일하게 캐릭터
위주나 방송사극의 유행어 등을 복식명칭으로 사용하고 있다.

　MSN 메신저 파워플러스의 서비스 형태의 경우도 다른 포
털 사이트와 유사한 형태이었으며 아이템 종류에 있어서는 일
반의상, 테마의상, 파티의상 등으로 구성되어 있다. 아이템의
가격대는 한 벌 의상이 450~3,600원, 테마 한 벌 의상이 45

0~4,500원, 소품이 100~1,500원으로 형성되어 있으며, 이는 다른 포털 사이트와 비교할 때 비교적 낮은 가격대를 형성하고 있다 라고 할 수 있다. 한국복식 아이템의 경우 테마Shop의 파티의상에서 14개의 한국복식을 제공하고 있다. MSN의 Avatar 복식 아이템 명칭 사용에 있어서 서양복식의 경우 '르네상스(Renaissance), 바로크(Baroque), 로코코(Rococo), 엠파이어(Empire), 로맨틱(Romantic), 크리놀린(Crinoline), 버슬(Bustle), 아르누보(Art Nouveau)[13](정흥숙, 2000) 등의 정확한 시대명칭을 사용한 반면<Table 20>, 한국복식 아이템의 명칭의 경우 "색동고아라 한복", "중전마마 납시오"등의 캐릭터 위주의 잘못된 명칭을 사용하고 있는 것으로 조사되었다 <Table 21>.

국내 대표 포털 사이트에서의 한국복식 아이템의 명칭사용의 예를 살펴보면 대부분의 한국복식의 명칭이 캐릭터와 흥미위주의 명칭사용이 주를 이루고 있는 것이 가장 큰 문제점이다. 이는 Avatar를 이용하여 청소년 구매자층의 단순한 흥미위주의 심리를 이익창출을 목적으로 하고 있으며, 장기적 문화산업의 발전을 저해할 수 있는 요인으로 작용할 수 있다.

---

13) 서양복식사에서는 14~16세기를 르네상스 복식, 17세기를 바로크 복식, 18세기 로코코 복식, 나폴레옹 1세 시대(1789~1815년)를 엠파이어 스타일복식, 왕정복고시대(1815~1848년)를 로맨틱스타일, 나폴레옹 3세시대(1848~1870년)를 크리놀린 스타일, 1870~1890년을 버슬스타일, 1980~1910년을 아르누보 스타일로 규정하고 있다.

<Table 20> MSN 메신저 파워플러스 서양복식 아이템 명칭 사용의 예

시대별	복식 아이템 명칭 사용의 예
Renaissance	르네상스 모녀 3,200원 [상세보기] [선물]
Baroque	바로크 로얄프린스 3,100원 [상세보기] [찜하기][조르기] [구매] [선물]
Rococo	로코코 로브드레스 3,800원 [상세보기] [선물]
Empire	엘레강스 엠파이어 3,650원 [상세보기] [선물]
Romantic	로맨틱 버슬 웨딩드.. 3,400원 [상세보기] [선물]
Crinoline	크리놀린 드레스 3,500원 [상세보기] [선물]
Bustle	왕비님의 버슬드레스.. 4,000원 [상세보기] [선물]
Art Nouveau	아르 누보 퀸 3,800원 [상세보기] [선물]

<Table 21> 국내 대표 포털 사이트의 한국복식 Avatar 아
이템 명칭 사용의 예

시대별	복식 아이템 명칭 사용의 예
세이클럽	마당쇠 4500 [상세정보] 선물받기 구매 선물 희망 여우동 4500 [상세정보] 선물받기 구매 선물 희망 Emperor of Korea 4500 [상세정보] 선물받기 구매 선물 희망
프리챌	남자한복셋 1 가격:10,300 원 무한이용권 불가능 구입하기 상세 선물 쇼핑백 남자한복셋 2 가격:10,300 원 무한이용권 불가능 구입하기 상세 선물 쇼핑백 남자한복셋 3 가격:10,300 원 무한이용권 불가능 구입하기 상세 선물 쇼핑백 박대감 가격:3,100 원 인기: ★ 무한이용권 가능 구입하기 상세 선물 쇼핑백 새신랑 가격:3,000 원 인기: ★ 무한이용권 가능 구입하기 상세 선물 쇼핑백 새색시 가격:3,000 원 인기: ★ 무한이용권 가능 구입하기 상세 선물 쇼핑백

시대별	복식 아이템 명칭 사용의 예	
다 음	조기장만하세요 ⊜2800 [구매 l 선물 l 찜]	조기장만 하세요 ⊜2800 [구매 l 선물 l 찜]
	그네타는봄처녀 ⊜5700 [구매 l 선물 l 찜]	그 입 다물라~! ⊜3900 [구매 l 선물 l 찜]
MSN 메신저 파워플러스	색동 고아라 한복 ⊜2,700원 [상세보기] 선물	중전마마 납시오 ⊜2,800원 [상세보기] 선물

<Table 22>에 의하면 Avatar 채팅서비스 사이트에서는 포 털 사이트와는 달리 주로 Avatar를 이용한 가상공간설계, 채 팅, 커뮤니티서비스 위주로 Avatar 역할의 중요성이 더욱 크 며, 이용자의 Avatar 꾸미기 역시 복식위주로 활발하게 이루 어지고 있다. 8개의 사이트 중 2개의 사이트에서는 한국복식 아이템서비스 자체를 하지 않고 있으며, 나머지 6개의 사이트 역시 2개~53개의 아이템으로 한국복식 아이템이 Avatar 복식 에서 차지하는 비중은 아주 낮게 나타났다.

팅고사이트의 경우, 테마전Shop에 한복전문Shop을 개설한 것은 기존의 Avatar 서비스 사이트가 5~8개로 Shop의 구성 을 하고 있으나 한복전문Shop이 없는 것을 고려한다면 Avatar 복식의 한국복식에 대한 관심도 증가를 나타낸다고 하 겠다(Fig. 10). 그러나 한복 전문Shop의 총 41개의 아이템 중

에서는 12개의 한복아이템만 있고 나머지는 부적, 떡국, 투호 등으로 구성되어진 점과 한복아이템 명칭이 "나비무늬 한복", "도령한복", "한복과 팽이", "중전한복" 등으로 나타나는 것은 아직까지도 캐릭터 중심의 명칭사용이 지배적이라는 것을 보여준다고 하겠다.

아이마루의 경우는 소비자층을 아이들로 삼고 있다는 점에서 Avatar의 한국복식 아이템 명칭 사용에 더욱 주의를 기울여야 할 것이다. 인터넷이 성인들만의 공간이 아닌 아이들의 놀이문화로 정착시키려는 목적으로 소비자 타겟을 아이들로 삼고 있는 아이마루는 테마의상에서 14개의 한국복식 아이템을 제공하고 있다. 그러나 문제의 심각성은 소비자층이 아이들이기에 한국복식명칭의 올바른 사용이 중요하지만, 실제로 제공되는 아이템의 명칭은 SBS방송의 '여인천하'의 출연배우들의 극중명칭인 "경빈", "중전", "난정이" 등과 "명성황후" 등의 사극의 극중 배우명이나 캐릭터 명칭을 사용하고 있다.

러브토키의 경우, 한국복식 아이템을 테마의상에서 명절(설) 기획물로 다루어 제공하고 있다. 러브토키 사이트에서 주목할 점은 제공하는 한복아이템은 12개로 비교적 적은 수량이지만, 한복아이템 명칭사용에 있어서 타 사이트와는 다른 비교적 한복아이템의 명칭을 바르게 사용하려는 시도가 보인다. 이 사이트에서 사용하는 한복아이템 명칭은 "두루마기", "색동저고리", "홍색당의", "활옷" 등으로 한복의 실제 명칭이 쓰이고 있다(Fig. 11).

<Table 22> Avatar 채팅서비스 사이트 분석(2003년 9월 현재)

	사이트명	제공하는 서비스 형태	아이템 종류	아이템 가격대	한국복식 아이템
1	유리도시	Avatar를 이용한 가상공간 설계, 채팅, 커뮤니티 서비스	옷, 액세서리, 스프레이, 빌라임대, 기타 등등	1개월: 10,000원 3개월: 27,000원 6개월: 48,000원 12개월: 84,000원	없음.
2	팅 고	채팅, 게임 시 제공되는 주제별 아이템	DIYShop, 일반의상, 특수의상, 테마의상	한 벌 의상: 3,100~3,400원 소품: 900~1,500원	존재. 테마전의 한복Shop: 12개
3	팝 플	Avatar를 이용한 가상공간 설계 및 커뮤니티 서비스	쇼핑몰은 선실 인테리어 제품을 구입할 수 있는 퍼니 데코몰, 냉장고 등 가전제품과 욕조 등을 구입할 수 있는 하이쇼핑, 취미용품 및 매직 아이템을 구입할 수 있는 알파박스, Avatar를 꾸밀 수 있는 플라스빠송의 4개 쇼핑몰로 구성	현금을 사이버머니로 변환하여 이용. 현금 100원은 10루피의 사이버머니의 환율을 가짐.	없음

	사이트명	제공하는 서비스 형태	아이템 종류	아이템 가격대	한국복식 아이템
4	헬로우 Avatar채팅	FET(Face Expression Technology)를 바탕으로 자신의 실사 얼굴 또는 스타얼굴을 3D 캐릭터로 연출하는 채팅 및 서비스	일반의상, 테마의상, 스타포토, 기타 등등	현금 1월=1cc 상하의: 700~2,800cc 테마의상: 2,000~ 3,800cc 헤어: 900~1,300cc	존재 헬로우 테마: 2개
5	아이마루	Avatar를 이용한 채팅, 커뮤니티 서비스	일반의상, 패션잡화, 액세서리, 헤어Shop, 원피스, 테마의상, 기타 등등	휴먼카드 충전을 통한 유료서비스(현금 1원= 사이버머니 1원) 한 벌 의상: 1,800~ 3,000원	존재 테 마 의 상: 14개
6	러브토키	Avatar를 이용한 채팅, 커뮤니티 서비스	일반의상, 세트의상, 테마의상, 잡화류	러브토키캐쉬 리필 사용 (한달에 5,000 러브토키캐쉬 무료) 상하의: 1,200~1,400원 세트의상: 2,800~3,900원 테마의상: 3,700~3,900원 잡화류: 900~1,300원	존재 패션몰의 테마의상에서 명절(설)기획: 12개

	사이트명	제공하는 서비스 형태	아이템 종류	아이템 가격대	한국복식 아이템
7	포플닷컴	Avatar를 이용한 채팅, 커뮤니티 서비스	일반의상, 테마의상, 액세서리, 기타잡화	현금을 사이버머니로 변환하여 이용. 현금 10,000원= 10,500포플 (환전율이 1050) 상하의: 700~2550포플 테마의상: 3,450~3,900포플	존재 테마Shop: 4개
8	씨메이커	가상공간 설계 및 Avatar를 이용한 채팅, 커뮤니티 서비스	Avatar의 가상공간인 캡슐을 꾸밀 수 있는 쇼핑몰과 Avatar 의상을 구입할 수 있는 유니폼, 캐주얼, 파티복, 테마복, 민속복, 엽기복 등으로 구성	현금을 사이버머니로 변환하여 이용 현금 1원= 씨머니 1원 상하의: 300~700원 한 벌 의상: 1,200~1,800원	존재 민속복: 53개

(Fig. 10) 팅고의 전문한복Shop

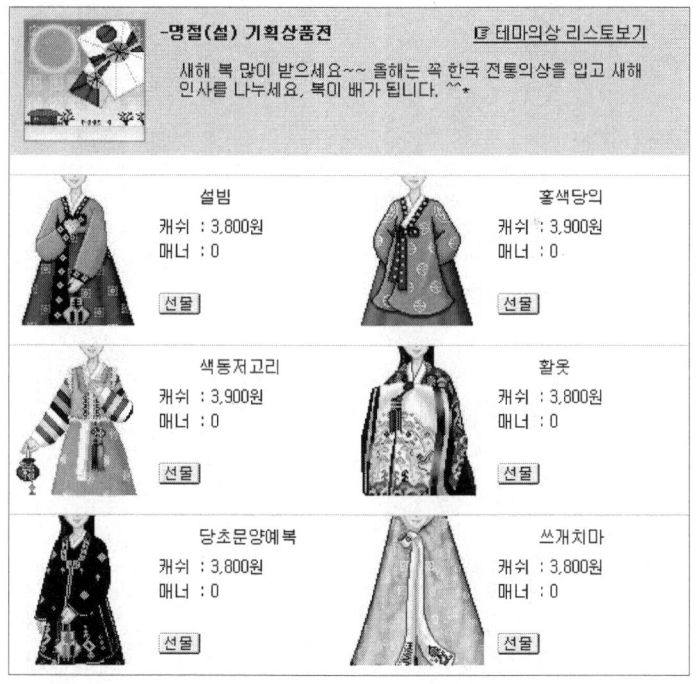

(Fig. 11) 러브토키의 한복아이템 명칭

IV. 한국복식 Avatar 개발을 통한
문화산업 발전방안

1. 문화산업으로서의 한국복식의 가치

　문화관광부에서는 한국의 문화상징 Best 10을 「한복, 한글, 김치/불고기, 불국사/석굴암, 태권도, 고려인삼, 탈춤, 종묘제례악, 설악산, 세계적인 예술인」으로 선정하였다(Fig. 12). 한복은 한국인들이 오랜 기간 착용해 온 한국의 전통 복식을 의미한다. 한복은 자신의 정체성을 표현하기 위해 애용하는 한민족의 민족복이기도 하다. 그러므로 한복은 한국인의 얼굴이며, 한복에는 한국인들의 사상과 미의식이 그대로 베어있기에 한복에 대한 연구는 결국 한국인들의 정신에 대한 연구이다.

　많은 세계석학들의 한국 문화산업에 대한 진단결과 한국은 문화적 이미지 상품이 없고 서비스 수입국인 한국은 수출에서 차지하는 무형자산의 비중을 높여야 하는 시대적 흐름에 맞는 수출상품을 개발하여야 한다고 지적하였다. 또한 문화가 수출되거나 상품화되기 위해서는 그것이 살아있어야 하고 세계적이며 전통적 요소와 현대적 요소를 동시에 가져야 한다고 말하고 있다.

　한복은 우리나라의 대표적 문화상징으로 그 원형을 디지털화 한다는 것만으로도 큰 의의가 있다. 인류의 기원 이래 복식은 인류와 비교적 동일한 역사를 가지고 있기 때문에, 우리

문화를 이해하는데 있어서도 복식은 중요한 자료가 되기 때문
이다. 우리나라의 복식을 재생, 복원함으로써 세계복식문화유
산과의 비교, 연구가 가능해짐으로 문화연구에도 큰 기여를
할 것으로 평가받고 있다. 한복의 기원에서부터 현재까지의
복식 변천과정과 그에 따른 장신구 등을 복원, 재생하여 디지
털 콘텐츠화 함으로 보존가치 및 문화콘텐츠산업의 소재로 활
용하여 그 경쟁력을 높일 수 있다는 점에서 문화산업으로서의
한복의 가치는 높게 평가될 수 있다.

(Fig. 12) 한국의 문화상징 Best 10

*출처: 문화관광부 홈페이지(www.mct.go.kr)

2. 문화산업으로서의 Avatar 가치

인터넷 인프라의 확산과 더불어 Avatar의 호응 또한 급격히 상승하고 단순한 사이버 세계에서의 분신으로서의 역할에서 벗어나 다양한 부가가치를 구현하는 Avatar의 등장으로 Avatar의 확산은 계속적인 추세이다. 또한 Avatar는 게임, 채팅, 커뮤니티 활동, 일정 관리 등 인터넷 전 분야에 걸쳐 cyber agent로서의 활용도가 확산되고 있다. Avatar 시장은 초기 일본형 애니메이션 Avatar에서 벗어나 'Avatar와 패션', 'Avatar와 문화'의 접목에 대한 관심이 상승되고 있으며 이로 인한 신규시장이 창출되고 있다.

문화산업의 아이템으로서의 전통복식 Avatar는 전통복식이 구분에 따라 궁중복식, 민속복식, 현대한복 등으로 구분되어 그 종류와 형태가 다양하고 그에 따른 전통 헤어스타일과 장신구 등의 접목으로 인터넷을 통한 디지털 문화복 및 전파에 적합하다. 또한 Avatar 아이템은 다양하고 종류가 많을수록 효과가 증가한다는 점에서 전통복식과 장신구의 다양성을 응용한 Avatar 아이템은 최적의 문화산업으로서의 가치를 가진다(Fig. 13).

전통문화의 보급과 확산이라는 측면에서 살펴보면, 전통복식을 Avatar와 접목함으로써 수익성을 극대화한 디지털 콘텐츠의 생산이 가능하고, Avatar를 주로 이용하는 신세대들에게 전통복식에 대한 이해를 높이고 나아가 우리의 디지털 복식 Avatar로 세계시장에 진출함으로써 우리문화의 우수성 고취와 함께 문화수출이라는 일거양득의 효과를 얻을 수 있다.

(Fig. 13) 디지털 복식 Avatar의 구현 예

* 순서: 홍룡포, 홍색 노의, 구장복, 혼례복
* 그림출처: 한국복식문화 2000년 조직위원회(2001). 우리 옷
  이천년. 서울: 미술문화, p.91, p.99; 한복사랑운동
  협의회(2001). 한국복식문화 200년. 서울: 세종문
  화사. p.57, p.60.
* Avatar 출처: 씨메이커(www.cmaker.com)

3. 문화산업으로서의 복식 Avatar 적합성

1) 문화콘텐츠산업의 경쟁력 강화

최근 문화콘텐츠산업의 일환으로 한국복식의 복식디지털 콘텐츠 개발이 정부차원에서 진행되고 있지만, 한복을 문화상징으로 그 원형을 단순 디지털화 하는 의미를 넘어선 산업으로의 인식전환이 필요하다고 하겠다.

문화원형의 현대적 활용방법은 3가지로 분류할 수 있다, 첫 번째가 원형 그대로의 재현을 통한 보존인 직접적 활용이고, 두 번째가 부분적 우수성의 적용을 통한 응용인 은유적 활용이다. 세 번째로는 가시적 형태에 내재된 개념의 현대적 계승인 추상적 활용이 그것이다. 즉, 한복이라는 문화원형을 디지털 기술과의 단순한 접목이 아닌 한복에 내재되어 있는 개념과 디지털 문화산업의 동향분석을 통한 현대적 계승을 추구하고자 한다(황동열, 2003).

이에 본 연구개발은 사이버세계에서의 분신으로서의 역할에서 벗어나 다양한 부가가치를 구현하는 Avatar 복식에 한국복식문화를 접목시켜 문화산업의 부가가치 창출과 한국의 문화산업 경쟁력 강화를 위한 개발 모델을 제시하고자 한다. 개발 모델은 전통복식을 단순히 재생, 복원하는데 그치지 않고 인터넷 및 모바일 환경에서 동작, 가능하고 시장창출이 가능한 문화콘텐츠로서의 사업화 모델제시를 목표로 하고 있다. 문화원형의 복원이라는 정적인 개념에서 디지털 복식 Avatar의 개

넘으로 발전, 변형, 사업화함으로써 고유의 문화원형을 활용한 부가가치를 창출해 낼 수 있는 가능성을 제시한다. 또한 문화산업아이템으로서의 Avatar와 전통복식의 접목을 통해 국제적으로 이용 가능한 콘텐츠로의 변형을 시도함으로써 이를 통한 우리 문화의 홍보 및 민족의 자긍심 고취와 세계문화시장 개척에 큰 역할을 할 것으로 판단된다(Fig. 14).

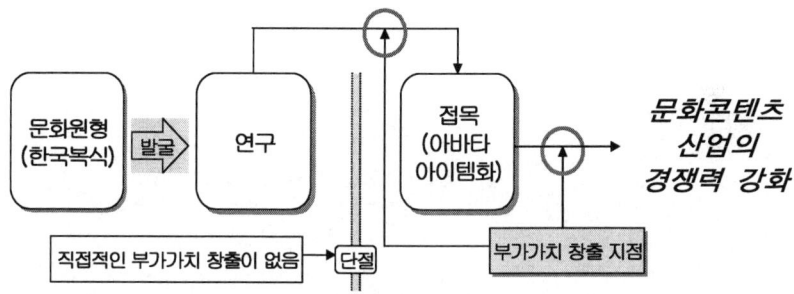

(Fig. 14) 문화콘텐츠산업의 경쟁력 강화를 위한
디지털 복식 Avatar

2) 디지털 콘텐츠로서의 적합성

디지털 복식 Avatar가 디지털 콘텐츠로서의 적합성은 크게 두 가지로 나눌 수 있다. 첫 번째로, 현재 디지털 콘텐츠는 점차적으로 통합해 가는 추세이므로 콘텐츠의 적합성은 전통복식에 대한 교육과 정보를 사용자에게 전달할 수 있는 교육, 정보적 성격과 Avatar를 이용한 놀이문화의 공통 분모적 특성이다. 국내 Avatar 서비스를 제공하는 사이트의 서비스 형태 및 아이템 분석에서 살펴보았듯이 현재 국내 복식 Avatar는 놀이적 기능은 충분히 수행되고 있지만 교육, 정보적 성격이 매우 약하다. 이는 주요 서비스 사이트를 통하여서 나타났듯이 한복의 명칭의 잘못된 사용과 한복에 대한 정보 부재가 주요 요인이다.

두 번째로, 네트워크의 적합성으로 현재 세계최고 수준의 국내 인터넷 인프라를 이용하여 문화산업의 특성인 윈도우 효과를 활용함으로써 네트워크의 적합성이 가능하다.

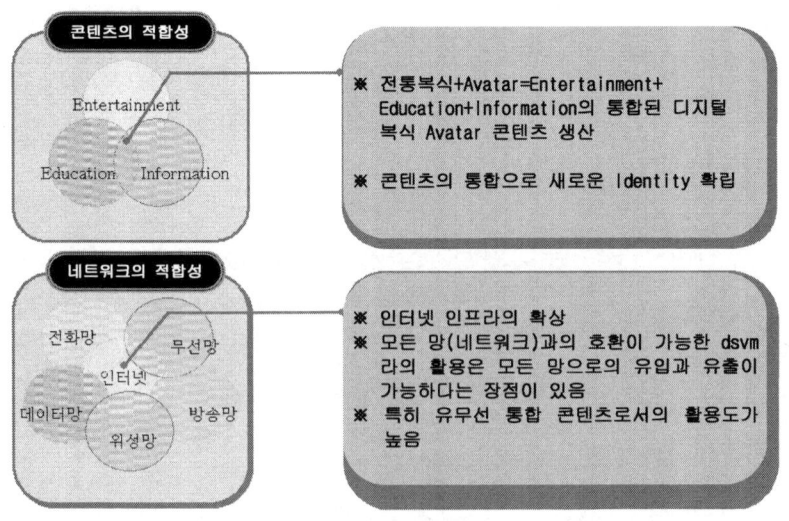

(Fig. 15) Avatar 복식의 디지털 콘텐츠로서의 적합성

하나의 복식 Avatar가 창조된 후 부분적인 기술적 변화를 거쳐 문화산업 영역 내부, 혹은 다른 산업의 상품으로서 활용이 지속되면서 그 가치가 증대되는 효과를 기대할 수 있다.

이는 문화산업의 특성 중 망 외부성에 해당되며, 다양한 매체를 통한 복식 Avatar의 사용은 Avatar 복식 상품가치를 증가시킨다.

4. 문화산업으로서의 한국복식 Avatar 개발모델

1) 개발 범위 및 방안

문화산업과 한국의 복식문화를 접목한 디지털 복식 Avatar의 개발범위는 (Fig. 16)과 같다.

첫 번째 개발범위는 전통복식의 연구이다. 이는 전통복식에 대한 전문적인 연구와 시대별, 지역별 복식연구와 변천과정에 대한 연구이다. 두 번째의 개발범위는 재생 및 복원으로서 전통복식의 고증작품을 통한 전통복식에 대한 재생작업, 재생된 전통복식을 바탕으로 그래픽화 작업, 실물화 작업이다. 세 번째로 개발범위는 아이템 구축으로, 복식 및 장신구에 대한 아이템 구축작업과 ASP(Application Service Provider)14) 제공사업에 맞

---

14) ASP(Application Service Provider)란 '응용프로그램 제공사업자'를 말한다. 기업이나 일반인들이 다양한 프로그램을 직접 구입하지 않고, 네트워크를 통해 그때그때 빌려 이용하도록 하는 것이다. 예컨대 중소기업이 값비싼 인터넷무역시스템을 구입하지 않고 인터넷무역 전문 업체의 서버와 무역솔루션을 빌려쓰는 것이나, 몇 십만원짜리 사무실 소프트웨어 대신 홈페이지에 접속해 해당 프로그램을 이용하는 것이 ASP다. 한마디로 인터넷으로 솔루션·소프트웨어를 공급하고 사용시간에 따라 요금을 받는 '소프트웨어 온라인 임대업'이라고 할 수 있다. ASP는 크게 기업을 대상으로 재무·회계·인력자원·고객관리·메시징 등

는 가공작업이다. 네 번째 개발범위는 디지털 복식 Avatar 개발로서 연구된 전통복식과 Avatar 시스템의 접목과 복식의 종류와 연동되어 활용 가능한 다양한 Avatar의 개발이다.

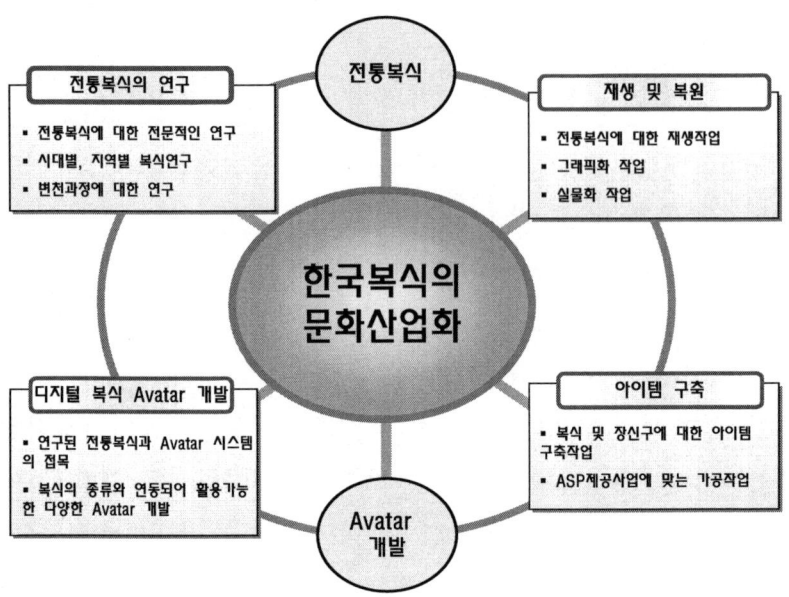

(Fig. 16) 디지털 복식 Avatar의 개발범위

기업전산 프로그램을 인터넷으로 임대하는 B2B와, 소비자에게 인터넷으로 소프트웨어를 빌려주는 B2C 모델 등 두 가지로 나뉜다. ASP는 임대자나 이용자 모두에게 이익이다. 사업을 하는 쪽은 개발한 솔루션이나 소프트웨어를 기반으로 안정적인 수입을 올릴 수 있고, 이용하는 쪽에서도 개발비용을 들일 필요가 없다. 이용자는 또 소프트웨어의 최신 버전이 나오면 간단히 빌려쓸 수 있다. 다만 이용자 처지에서는 자료의 분실이나 서비스 중단에 따른 위험을 감수해야 한다.

개발방안은 크게 개발 프로세스와 개발내용으로 나누어서
제시한다. 먼저 개발 프로세스는 전통복식연구, 전통복식 재생
및 복원, 디지털화, 디지털 복식 Avatar형 디자인 작업,
Avatar 모델 구축이 이상적인 개발 프로세스이다(Fig. 17). 개
발내용은 크게 성별로는 남자, 여자 Avatar로 나뉘어 상, 하의
를 구별하여 개발한다. 더불어 공통으로 궁중복식, 혼례복식,
시대별 복식을 상·하의와 성별에 나누어서 개발하고 장신구
는 각 복식에 적합한 장신구를 개발한다(Fig. 18).

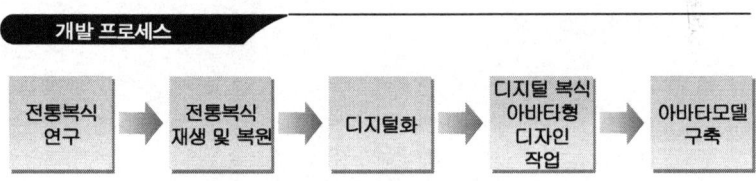

(Fig. 17) 개발 프로세스

	상의				하의	공통	장신구	비고
남자 기본형아바타	저고리	조끼	두루마기	마고자	바지	궁중복식	전통복식에 맞는	❖전체 GIF파일 ❖모바일용
	상의				하의	혼례복식	장신구	변환은 프로 그램에 의해
여자 기본형아바타	저고리	조끼	두루마기	마고자	치마	시대별 복식		자동 변환

(Fig. 18) 개발 내용

2) 아이템 구성

개발방안 제시에 따른 아이템 구성은 (Fig. 19)와 같다.

복식 Avatar의 아이템 구성은 국내 Avatar 서비스 사이트의 아이템 분석에서 가장 큰 문제점으로 부각되는 캐릭터중심의 명칭을 보강하기 위하여 상·하의에서 저고리, 조끼, 마고자, 두루마기, 무지기치마, 통치마 등의 한복의 공식명칭 사용과 국내 사이트 분석을 통해 나타난 교육, 정보적 성격을 보완하기 위해 한복의 종류 및 명칭과 한복 입는 법에 대한 아이템을 제시하였다.

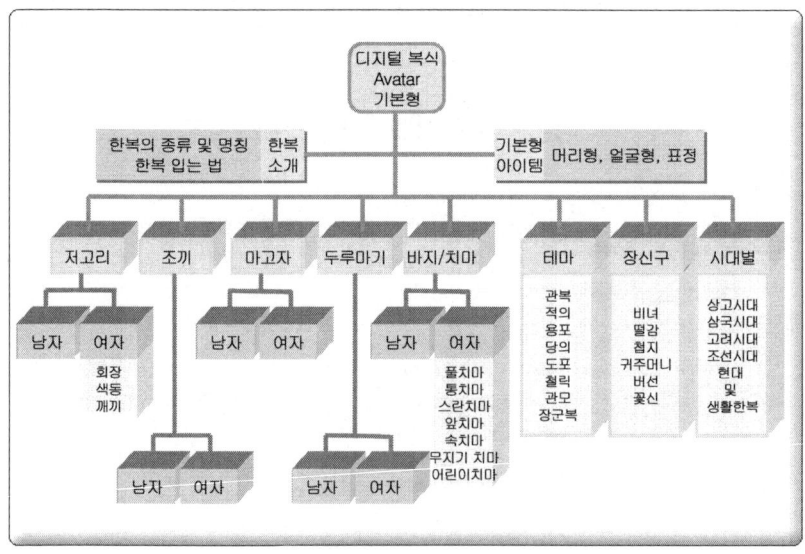

(Fig. 19) 아이템 구성

시대별로는 상고시대, 삼국시대, 고려시대, 조선시대, 현대 및 생활한복으로 아이템 구성을 하고, 장신구는 복식에 맞는 장신구를 비녀, 첩지, 귀주머니, 버선, 꽃신 등으로 다양하게 구성하며, 테마로는 관복, 적의, 용포, 원상, 당의, 활옷, 도포, 철릭, 관모, 장군복 등으로 구성한다. 또한 상의로는 저고리, 조끼, 마고자, 두루마기와 하의로 구성한다.

또한 한복 소개, 한복의 종류 및 명칭, 한복 입는 법을 분리된 아이템으로 구성하여 젊은 세대들에게 한복에 대한 교육과 정보전달을 하게 구성하였다. 특히 한복 입는 법에서는 기성 세대뿐만 아니라 젊은 세대들이 가장 어렵게 생각하는 옷고름 매는법과 대님 매는법을 제공하였다(Fig. 20과 21).

①　　　　　　②

③　　　　　　④

⑤　　　　　　⑥

옷고름 매는 순서

① 고름을 반듯하게 펴 놓는다.
② 입어서 오른쪽 고름이 위로 가도록 하고 ×자로 놓는다.
③ 그대로 묶는다.
④ 오른손으로 잡은 밑으로 늘어뜨린 고름을 16cm 정도 접는다.
⑤ 그 위에 짧은 고름을 위에 올려놓는다.
⑥ 중간 사이로 넣어 뺀다.

(Fig. 20) 옷고름 매는 법

출처: http://na781111.hihome.com/02-21.htm

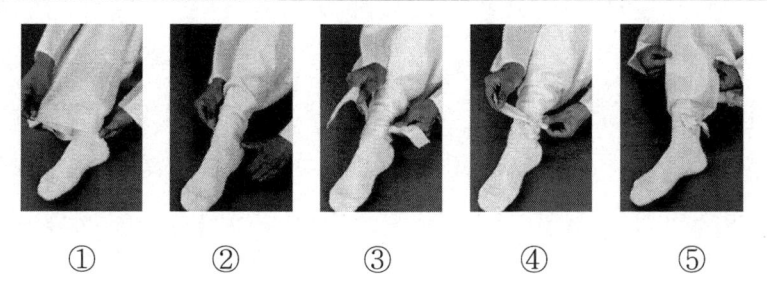

① ② ③ ④ ⑤

대님 매는 순서

① 안쪽 복사뼈 위치에 바지의 사폭 시접선을 댄다.
② 발목을 감싸듯이 돌려 싸서 바깥쪽 복사뼈에 갖다댄다.
③ 대님을 두 번 돌려 묶는다.
④ 매듭을 리본 모양으로 편하게 묶는다.
⑤ 편편하게 매듭을 잡아 완성시킨다.

(Fig. 21) 대님 매는 법

출처: http://www.hanboknara.co.kr/study/daenim.htm

3) 정보설계(Information Architecture)와
　인터페이스 구성(Interface Formation)

정보설계는 (Fig. 22)와 같이 크게 아이템 공간, 정보공간, 구매공간으로 구성한다. 아이템 공간의 하위 정보설계로 기본아이템과 한복아이템, 정보공간은 하위 정보설계는 한복의 종류/명칭과 한복 입는 법, 구매공간의 하위정보설계는 e-business를 고려한 장바구니, 결제하기, 아이템 팔기로 구성한다. 인터페이스 구성은 (Fig. 23)과 같이 기존의 Avatar 서비스 인터페

이스와는 달리 한복아이템에 대한 종합적인 설명을 통하여 교
육적 기능을 강화하였으며, 한복 입는 법의 제공을 통한 정보제
공의 목적을 추구하였다. 또한 현재의 Avatar 서비스 인터페이
스와 다르게 남, 여 모두의 아이템을 미리보기를 통하여 다양한
한복 아이템을 접할 수 있는 기회를 자연스럽게 제공하였다.

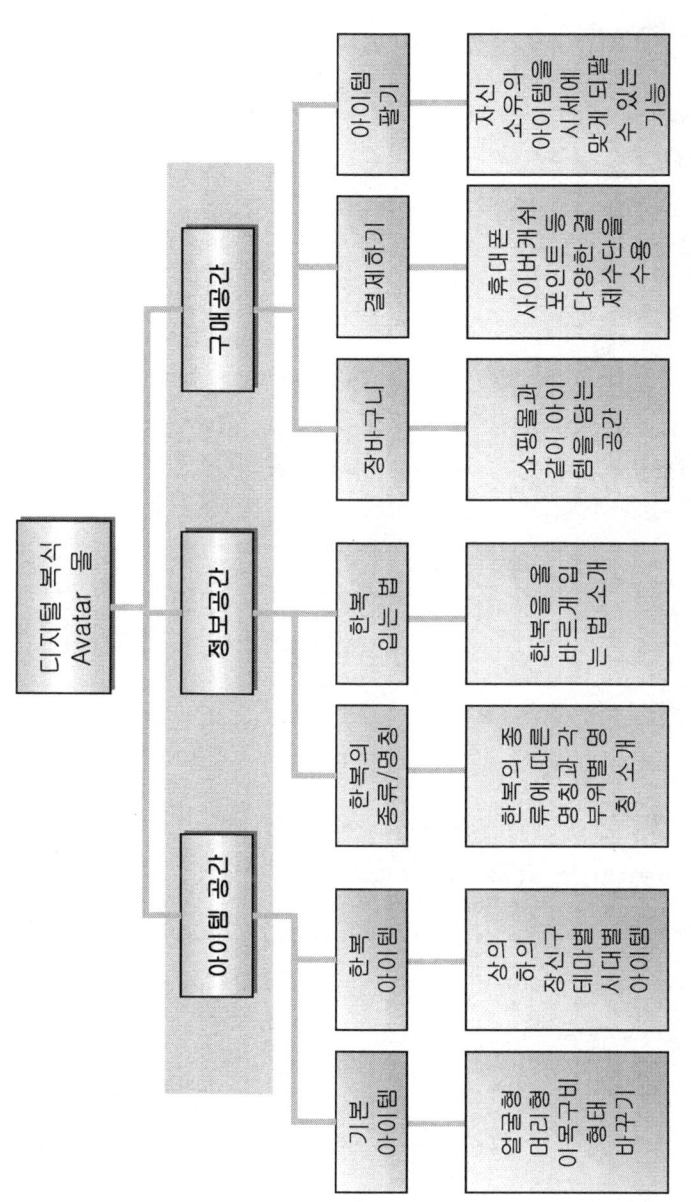

(Fig. 22) 정보설계

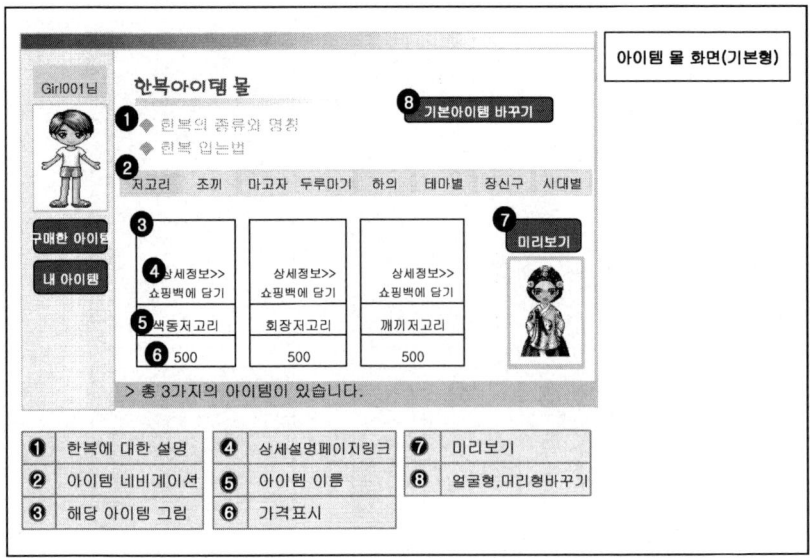

(Fig. 23) 인터페이스 구성

4) 차별화 전략

차별화전략은 크게 3가지로 나누어진다.

첫 번째로 Web 기반 차별화 전략으로 'Avatar Wizard'를 이용한 Avatar 꾸미기, 디지털 복식 Avatar 말풍선 기능 전송, 아이템 선물보내기, 기존서비스와의 연계가 주요 골자이며 내용은 <Table 23>과 같다

특히, 'Avatar 디자이너(가칭)' 등의 디자인 프로그램을 이용한 서비스는 신개념의 서비스 제안이다(Fig. 24). 기존의 제한적인 Avatar 의상과 아이템에서 벗어나, 간단한 조작만으로 본인이 직접 디자인한 옷을 본인의 Avatar에게 입혀 볼 수 있

는 서비스로 개성이 강한 네티즌의 욕구를 충족시켜 줄 수 있는 신개념의 서비스이다. 이는 소비자가 상품제조가(product maker)로서의 지위를 획득하는 디지털 시대의 트랜드를 반영한 것이다. 또한, 기존의 보여주기만 하는 Avatar 서비스에서 벗어나 직접 인사말이나 자기소개, 음악 등을 입력하여 보다 개성 있는 Avatar를 만들 수 있도록 지원하는 '디지털 복식 Avatar 말풍선 기능' 역시 현존하는 Avatar 서비스에는 없는 새로운 차별화 전략이다(Fig. 25). 두 번째로는 Mobile 기반 차별화 전략으로 M-Chatting, M-Download, 국내·외 브랜드 입점 제휴가 그 주된 전략으로 내용은 <Table 24>와 같다. 웹상으로 구현된 Avatar를 응용하여 본인의 핸드폰 바탕 화면으로 다운로딩 하거나 타인의 핸드폰으로 전송이 가능하며, 자신의 Avatar를 생성한 후 개성 있는 메시지 입력 가능이 가능케 하는 Avatar Mobile Solution이 그것이다(Fig. 26).

세 번째로는 시장 확대를 위한 차별화 전략으로 디지털 복식 Avatar-User, 독자 Avatar 의류 브랜드 개발 및 제품화, 3D Avatar 지원, Agent 기능의 디지털 복식 Avatar 구현이 전략이며 내용은 <Table 25>와 같다. 특히 국내, 외 브랜드 입점 제휴는 기존의 Avatar 복식 서비스업체 분석을 살펴본바와 같이 세이클럽의 경우 Fila, Barbie, Carnaby, Thursday Island, N'GENE 등의 브랜드와 10개의 브랜드 입점을 확보한 네이트닷컴의 전략과 같은 전략이지만 독자 Avatar 의류 브랜드 개발 및 제품화를 통한 온라인상의 제품 출시를 선행함으로써 차별화를 추구한다.

<Table 23> Web 기반 차별화 전략

차별화 전략	내 용
Avatar Wizard	· 의류, 액세서리, 얼굴성형, 피부색 선택, 애완동물 등 웹 기반의 디지털 복식 꾸미기 기능 · 구입한 복식 Avatar 아이템 되팔기 · 2가지 디지털복식 Avatar(남/여) 꾸미기 기능 · 'Avatar 디자이너(가칭)' 등의 디자인 프로그램을 이용한 본인 디자인 가능 · 디지털 복식 아이템 미리 입어보기 및 앨범 저장 기능
디지털 복식 Avatar 말풍선 기능 전송	· 자신의 분신인 디지털복식 Avatar가 매일 매일 자신의 감정을 좀 더 비주얼 하게 표현 · 이모티콘 개념의 말풍선 서비스를 지원
선물 보내기	· 디지털 복식 Avatar 아이템의 보내기 및 선물 보내기 기능
기존 서비스와 연계	· 제휴사 사이트에 기존에 제공하고 있는 온라인 카페 및 커뮤니티, 채팅, 1:1 미팅, 메일 전송 등에 다양하게 이용가능

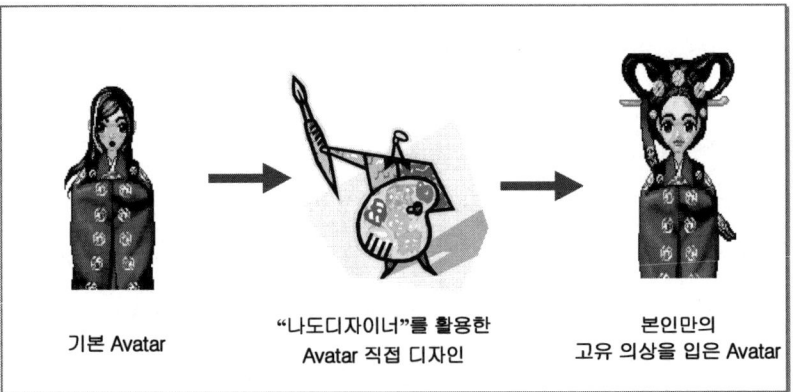

기본 Avatar   "나도디자이너"를 활용한 Avatar 직접 디자인   본인만의 고유 의상을 입은 Avatar

(Fig. 24) 'Avatar 디자이너(가칭)' 등의 디자인 프로그램을 이용한 서비스

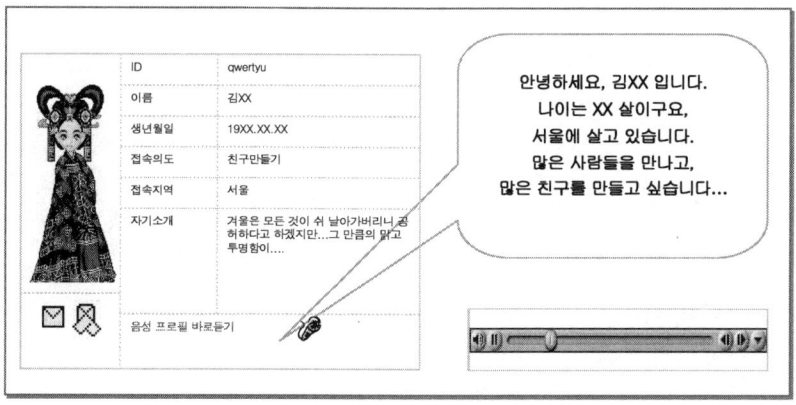

(Fig. 25) 음성지원 프로그램을 이용한 서비스

<Table 24> Mobile 기반 차별화 전략

차별화 전략	내 용
M-Chatting	·M-Chatting과 연결하여 디지털 복식 Avatar 음성편지 보내기, 디지털 복식 Avatar 음성녹음, 변조 등의 인사말 등의 기능 제공
M-Download	·본인의 디지털 복식 Avatar를 응용하여 본인의 핸드폰 바탕화면으로 다운로딩하거나 타인의 핸드폰으로의 전송이 가능하며, 자신의 디지털 복식 Avatar를 생성한 후 개성 있는 메시지 입력도 가능
국내·외 브랜드 입점 제휴	·국내·외 브랜드와의 입점 제휴를 통해 차별화된 정품 브랜드를 디지털복식 Avatar로 아이템 제공

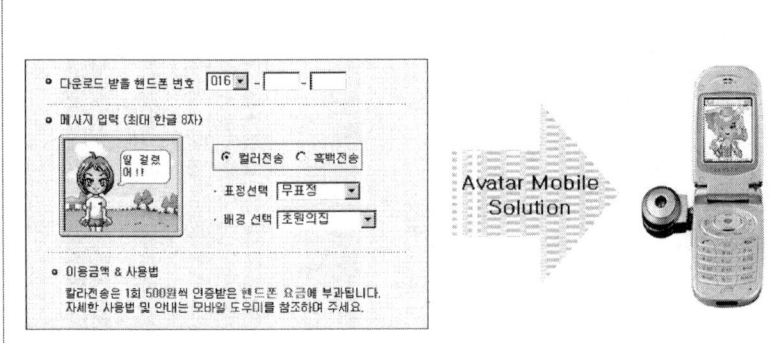

(Fig. 26) Avatar Mobile Solution 이용한 서비스

<Table 25> 시장 확대를 위한 차별화 전략

차별화 전략	내 용
디지털 복식 Avatar-User	· 디지털복식 Avatar가 착용한 브랜드와 실제 상품과의 연동 마케팅
독자 Avatar 의류 브랜드 개발 및 제품화	· 독자 디지털복식 Avatar 의류 브랜드 개발 및 제품화(World Wide)
3D Avatar 지원	· 일반 2D Avatar와 차별되는 3D Avatar 서비스 제공
Agent 기능의 디지털 복식 Avatar 구현	· PC, Internet, PDA 기능의 디지털 복식 Avatar 구현

5) 이벤트 전략

신세대의 다양한 욕구를 충족하기 위한 이벤트 전략으로는 온라인과 오프라인으로 나누어 수행하고자 한다. 온라인 이벤트 전략으로는 디지털 복식 Avatar의 국내·외 패션쇼 등을 기획하며, 오프라인 이벤트 전략에서는 패션관련기관과의 연계와 카드사와의 제휴를 통하여 공동 마케팅을 통한 이벤트 전략 등을 기획한다.

이벤트 전략으로는 (Fig. 27)과 같이 수행한다.

이벤트 아이템

미스/미스터
디지털 복식
Avatar 코리아
언론사와 개최

나만의
디지털 복식
Avatar 우표
컨테스트

디지털 복식
Avatar 한국/국제
복식 Fair

디지털 복식
Avatar의
의류디자인
컨테스트

디지털 복식
Avatar 의상을
입은 STAR
패션쇼 및
스타 마케팅

나만의
디지털 복식
Avatar
공모 컨테스트

10개국 동시
Avatar 패션쇼

국내 할인카드
와의 제휴 및
오프라인
공동마케팅

(Fig. 27) 이벤트 전략

패션관련기관 및 언론사와 연계하여 미스, 미스터 디지털 복식 Avatar 코리아를 개최하여, 기본형 아이템인 머리형, 얼굴형, 표정 등의 아이템 활용을 높이고 미디어를 활용한 홍보를 추구한다. 디지털 복식 Avatar의 한국, 국제 복식 Fair를 통하여 복식 Avatar를 통한 우리 전통복식에 대한 국제적인 관심을 불러일으키고 나아가 세계시장에 한복 Avatar를 선보일 수 있는 계기를 마련한다. 기존의 우표와는 달리 우표 옆 부분을 비워둔 채 우표를 인쇄한 후 고객의 사진이나 기업의 광고를 추가 인쇄하는 주문제작형 우표인 나만의 우표를 활용하여 디지털 복식 Avatar 우표 콘테스트를 실시한다. 오프라인의 미래고객을 확보하는 방안의 일환으로 우편물을 통한 간접적 마케팅을 추구한다.

"사이버 세상의 가위손", "무에서 유를 창조하는 디자이너", 사이버 세상에서 나를 나타내는 캐릭터인 Avatar 디자이너에 대한 화려한 수식어다. 현재 주요 닷컴 회사들은 적게는 4명에서 최대 30명의 Avatar 복식 디자이너를 확보하고 있다. 또한, Avatar 디자이너, Avatar MD가 미래의 전망 있는 직업으로 각광받고 있다. 이런 시대적 트랜드를 반영하여, 디지털 복식 Avatar의 의류디자인 콘테스트를 통한 의류관련학과의 학생들이 미래지향적인 직업분야를 제시한다.

한복 Avatar 패션쇼 이벤트를 실제 패션쇼와 연계하여 진행함으로써 네티즌의 참여를 극대화한다. 또한 복식 관련 학회들과의 연계를 통한 국제학술대회 등의 공동 개최를 함으로서 산·학 협동의 공동작업이 가능하며 국제시장 진출에 대한 논의가 가능한 국제 장으로의 진출할 수 있는 계기로 활용한다.

V. 결론 및 제언

1. 요약 및 결론

21세기는 이미지, 이야기, 감성 등이 중시되는 문화의 시대로서 국가, 기업, 지역, 개인의 경쟁력 원천이 기술적, 물질적 힘에서 점차 문화적, 감성적 힘으로 바뀌어 가고 있다. 또한 디지털 기술의 급속한 발달은 문화상품의 디지털화를 촉진하고 있다. 기술공학적 발전이 가속화되어 데이터 전송과 저장 기술의 발달은 방송, 게임, 애니메이션 등 다양한 문화상품을 디지털화를 가능하게 하였고, 인터넷을 통한 디지털 콘텐츠의 공유와 문화산업이 발달하게 되었다. 문화산업의 성공여부는 세계적이며 전통적 요소와 현대적 요소(alive and universal, traditional and modern)를 동시에 가져야 하기에 아이템 선정이 중요하다. 복식은 사람들의 생활양식의 표현인 동시에 그들 생활문화의 가장 대표적인 산물로 인정받고 있다. 사람들은 복식문화를 살펴봄으로써 시대문화 이해를 연구하여 왔다. 21세기는 문화의 시대로서 문화산업이 국가기간산업 역할을 할 것이며 복식의 문화산업으로서의 중요성이 부각되고 있다. 이에 복식을 응용한 디지털 복식 Avatar가 국내를 중심으로 상업화되고 있으나, 문화산업적 측면에서의 거시적(巨視的) 안목의 개발·서비스보다는 수익창출위주의 미시적(微視的)안목의 서비스가 주를 이루고 있다.

따라서 본 연구의 목적은 문화산업 중 복식분야의 발전을 위해 국내·외 문화산업의 분석을 바탕으로 한국의 복식문화와의 접목을 통한 한국복식 Avatar 개발모델을 제시함으로써 디지털 문화산업의 발전 방향을 모색하는데 있다.

본 연구는 이론적 연구와 실증적 연구로 나뉘어 진행되었다. 이론적 연구는 문화산업 특성을 분류하고, Avatar를 이론적으로 분석하기 위한 문헌적 고찰로 이론, 법률, 정부정책, 통계자료, 선행연구들을 조사하여 문화산업과 Avatar의 이론적 틀을 제시하였다. 실증적 연구는 연구문제에 대한 실증적 해답을 얻기 위해 이루어졌다.

1) 문화산업 특성 분류

(1) 윈도우 효과

하나의 문화상품이 문화산업의 한 영역에서 창조된 후 부분적인 기술적 변화를 거쳐 문화산업 영역 내부, 혹은 다른 산업의 상품으로서 활용이 지속되면서 그 가치가 증대되는 효과를 말하는 것으로, 본 연구의 개발모델에서는 독자 Avatar 의류 브랜드 개발 및 제품화로 차별화 전략에서 나타나고 있다. 또한 디지털복식 Avatar가 착용한 브랜드와 실제 상품과의 연동 마케팅을 통한 디지털 복식 Avatar를 통한 다른 상업의 상품으로서의 활용을 높였다.

(2) 망 외부성

어떤 상품을 사용하는 사람들이 많으면 많을수록 그 상품의 가치가 증가하는 것으로, 상품의 소비가 독립적으로 이루어지는 것이 아니라 다른 사람과의 상호작용에 의해서 이루어지거나 또는 기술적인 호환성(compatibility) 때문에 생기는 것이다. 망 외부성을 고려한 개발전략으로서는 Mobile 기반을 통한 디지털 복식의 가치증대를 높였다.

(3) 저작권산업

콘텐츠를 "미디어를 통해 표출될 수 있으며 권리관계(원작권 또는 2차, 인접 저작권 등)를 주장할 수 있는 모든 종류의 원작"으로 정의한 것과 특허청(www.kipo.go.kr)은 형태가 있는 물품에만 허용했던 의장등록 심사기준을 바꿔 앞으로는 화상 디자인에 대해서도 의장등록을 허가한다고 밝힌 것은 패션 디자인산업의 새로운 고용인력 창출을 만들 것으로 분석된다. 본 연구의 개발모델에서는 'Avatar 디자이너(가칭)' 등의 디자인 프로그램을 이용한 사용자 자신의 디자인을 통한 저작권에 대한 보호에 대비하였다.

(4) 지식기반산업

기술과 지식(R & D)의 집약도가 높은 모든 종류의 '고부가가치' 산업인 문화산업의 특성을 고려하여, 개발 프로세스에 전통복식연구, 전통복식 재생 및 복원, 디지털화, 디지털 복식 Avatar형 디자인 작업, Avatar 모델 구축의 순으로 기술 및 지식의 집약도를 높인 개발모델을 제시하였다.

2) 국내 Avatar 복식 시장의 분석

포털 사이트로는 국내 수익기준과 2003년 신규 Avatar 서비스 업체인 세계적 업체인 MSN을 포함한 세이클럽, 프리챌, 다음, MSN 메신저 파워플러스로 4개와 Avatar 채팅서비스 사이트는 연령별 사용자의 고른 분포를 위한 어린이 위주의 사이트인 아이마루와 현재 Avatar 모델링의 2D에서 3D의 전환을 고려하여 헬로우 Avatar 채팅 등의 8개를 포함하여 총 12개의 사이트를 선정하였다. 선정된 사이트의 Avatar 복식 시장에 분석에 대한 결과는 다음과 같다.

(1) 서비스 형태

총 12개의 사이트가 가장 많이 서비스하는 형태는 Avatar를 이용한 채팅과 커뮤니티 서비스형태였다. 그 밖에 게임, 가상공간 설계, 쇼핑몰, 드라마, 게임 등의 서비스 형태였다. 대부분의 사이트가 게임과 가상공간설계를 준비하는 것으로 분석되어 향후 Avatar 복식 시장의 확대를 예측할 수 있었다.

(2) 아이템 종류

아이템의 종류로는 일반의상, 파티복, 테마의상, 명품관, DIYShop, 전통의상, 액세서리, 스타Shop, 펫Shop 등으로 조사되었다. 명품관, 테마의상 등의 아이템을 통한 Avatar 복식의 가격상승을 주도하고 있으며, DIYShop을 통한 사용자 자신이 아이템을 만들 수 있는 Shop의 등장이 조사되었다. 이는 소비자가 상품제조가(Product Maker)로의 전환경향을 보여주는 것으로, 개성이 강한 네티즌의 욕구를 충족시켜 줄 수 있는 신개념 서비스 도입의 필요성이 요구되었다.

(3) 아이템 가격

아이템 가격은 2002년과 비교하여 1년 사이에 2배 이상의 가격상승이 된 것으로 조사되었다. 또한 하나의 Avatar를 정상적으로 꾸미기 위해서 결제되는 비용은 약 1~5만 원 대로 증가하고 있기에, 가격분석을 통하여 Avatar 복식이 새로운 수익모델로 검증되고 있음을 알 수 있다.

(4) 한국복식 아이템

한국복식 아이템은 먼저 존재 유무를 살펴보면, 12개 사이트 중 10개의 사이트에서 한국복식 아이템이 조사되었다. 그러나 아이템의 수는 12개 사이트가 전체아이템의 1%에도 못 미치는 적은 수량으로 나타났으며, 한복에 대한 명칭이 가장 심각한 문제로 파악되었다. MSN의 서양복식의 명칭사용에 있어서 'Renaissance, Baroque, Rococo, Empire, Romantic, Crinoline, Bustle, Art Nouveau' 등의 비교적 정확한 시대명칭을 사용한 서양복식과 비교할 때, 한복의 명칭은 캐릭터 위주의 명칭과 TV 드라마 주인공 위주의 명칭으로 크게 나눌 수 있었다. 캐릭터 위주의 한복의 명칭의 경우는 "마당쇠", "어우동", "색동고아라 한복", "중전마마 납시오" 등으로 표기되어 있으며, TV 드라마 주인공 위주의 명칭의 경우는 "경빈", "중전", "난정이",

"그 입 다물라" 등의 드라마 주인공 이름과 드라마 주인공이 만들어낸 유행어 위주의 명칭이 사용되었다. 이는 한복의 복식 자체의 명칭보다는 청소년들의 즉각적이고 감성적인 흥미위주 취향에 따른 것이라 조사되었다.

3) 한국복식 Avatar 개발 모델

한복은 한국의 복식문화를 대표적으로 나타내며, 우리나라의 대표적 문화상징으로 한국복식을 재생, 복원함으로써 세계 복식문화유산과의 비교, 연구가 가능해 짐으로 문화연구에도 큰 기여를 할 것으로 평가받고 있다. 한복의 기원에서부터 현재까지의 복식 변천과정과 그에 따른 장신구등을 복원, 재생하여 디지털 콘텐츠화 함으로 보존가치 및 문화산업의 소재로 활용하여 그 경쟁력을 높일 수 있다는 점에서 문화산업으로서의 한복의 가치는 높게 평가될 수 있다. 또한 전통문화의 보급과 확산이라는 측면에서 살펴보면, 전통복식을 Avatar와 접목함으로써 수익성을 극대화한 디지털 콘텐츠의 생산이 가능하고, Avatar를 주로 이용하는 신세대들에게 전통복식에 대한 이해를 높이고 나아가 우리의 디지털 복식 Avatar로 세계시장에 진출함으로써 우리문화의 우수성 고취와 함께 문화수출이라는 일거양득의 효과를 얻을 수 있다.

본 개발모델에서는 전통복식을 단순히 재생, 복원하는데 그치지 않고 인터넷 및 모바일 환경에서 동작, 가능하고 시장창출이 가능한 문화콘텐츠로서의 사업화 모델제시를 하였다. 개발범위는 전통복식의 연구, 재생 및 복원, 아이템 구축, 디지털 복식 Avatar 개발로 개발범위를 정하였다. 본 개발 모델의 아이템구성으로는 상·하의에서 저고리, 조끼, 마고자, 두루마기, 무지기치마, 통치마 등의 한복의 공식명칭 사용과 국내 사이트 분석을 통해 나타난 교육, 정보적 성격을 보완하기 위해 한복의 종류 및 명칭과 한복 입는 법에 대한 아이템을 제시하였다. 특히 교육, 정보적 분야의 보강을 위하여 한복의 소개, 한복의 종류 및 명칭, 한복 입는 법의 아이템을 개발 주요 아이템으로 구성하였다. 차별화 전략으로는 web기반 차별화 전략, Mobile 기반 차별화 전략, 시장 확대를 위한 차별화전략으로 나누어 온·오프라인의 수익 모델을 제시하였다. 또한 다양한 이벤트 기획 방안을 제시하여 문화전달과 e-business로서의 가능성을 제안하였다.

본 연구의 연구 결론은 다음과 같다.

첫 번째로는 전통복식의 인지도 확산이다.

전통복식과 인터넷/모바일 환경에서 이용 가능한 Avatar의 접목으로 우리문화의 전파확산과 디지털 복식 Avatar 의상을 구입하는 과정에서 전통복식에 대한 종류와 명칭, 착용법 등에 대한 교육적 효과이다. 또한 전통복식의 시대별, 종류별 의상을 인터넷과 모바일을 통해 체험함으로써 신세대들의 우리문화에 대한 자긍심을 고취시킬 수 있다.

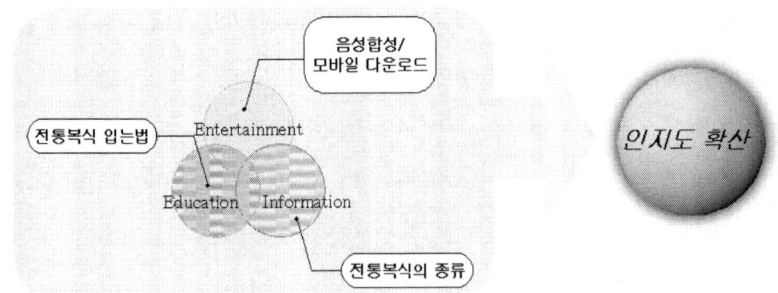

전통복식의 인지도 확산

두 번째로는 전통복식을 이용한 문화콘텐츠의 디지털 문화산업화 구현이다.

우리 문화원형인 전통복식을 연구, 디지털 콘텐츠화 하는데 그치는 것이 아니라 바로 디지털산업화가 가능한 디지털 복식 Avatar로 변형하여 문화 콘텐츠의 경쟁력을 확보할 수 있다. 또한 문화원형을 직접 발굴, 개발한 기관에서 산업화까지 담당하게 됨으로써 해당 사업을 책임지고 수행하여 시장진입과 확보 측면에서 큰 효과가 예상된다. 또한 문화콘텐츠의 디지털산업화 구현을 위한 산·학 협동의 연구 및 개발의 확산에도 기여할 것이다.

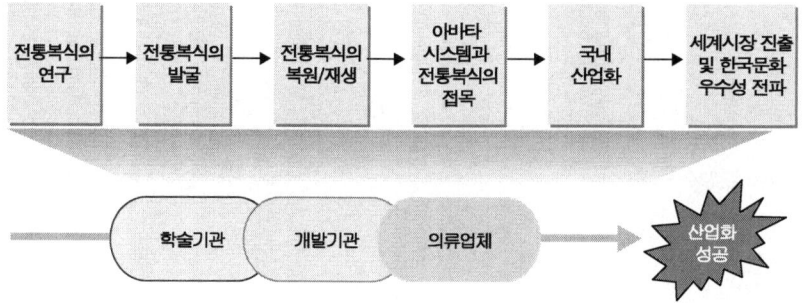

본 연구는 문화산업 중 복식분야의 발전을 위한 문화산업의 특성을 바탕으로 한국의 복식문화와의 접목을 통한 디지털 복식 Avatar 개발을 위한 기초 자료를 제공했다는데 의의가 있다.

2. 제　언

본 연구에서는 국내 Avatar 복식을 위주로 분석하였기에 국외 사이트를 연구함으로써 연구개발 모델의 개발 타당성을 국내·외적으로 검증할 필요가 있으며, 소비자들의 Avatar 복식에 지불하는 비용에 대한 통계적 연구가 필요할 것이다. 또한, Avatar 복식에 관련된 의류학분야의 연구가 미흡한 실정이므로 앞으로 의류학적인 시각에서의 연구가 요구되어 진다.

학제적 연구 측면에서 살펴보면, 문화산업을 경영학적 측면에서 연구하는 예술경영학과 디지털기술분야의 IT관련 학과와의 심도 있는 학제적 연구가 필요하며, 이러한 학제적 연구를 통한 기술개발로 개발모델을 실제화 함으로써 실제 온라인상에서 소비자에게 서비스된 후, 개발모델의 검증이 필요하다.

참고문헌

국내문헌

Th. W. 아도르노 & M. 호르크하이머(2001). 계몽의 변증법: 철학적 단상(김유동 역.). 서울: 문학과 지성사. (원저 1947 출판)

강혜원(1990). 의상사회심리학. 서울: 교문사.

권오혁·김홍수(2000. 10). 지방문화산업 육성방안: 문화산업지구를 중심으로. 한국지방행정연구원 연구보고서.

김기태·배규한·안현효(2001). 디지털 경제, 디지털 경영: 디지털 시대의 개척자 e-비즈니스. 서울: 사회평론.

김문석(2002). "Avatar"를 이용한 e-business 적용사례연구. 디자인과학연구, 5(3), 25~30.

김문환(1998). 문화경제론. 서울: 서울대학교 출판부.

김범종(2001). 사회과학 연구조사방법론 워크북. 서울: 석우.

김수진·한명숙(2002). 뉴미디어 및 인터넷 시대에 부응하는 패션산업의 새로운 동향. 복식문화연구, 10(3), 81~93.

김영석(1999). 멀티미디어와 정보사회. 서울: 나남출판.

김영자(1992). 한국의 복식미. 서울: 민음사.

_____(1998). 복식미학의 이해. 서울: 경춘사.

김유정(1998). 컴퓨터 매개 커뮤니케이션. 서울: 커뮤니케이션북스.

김종갑(2002). 디지털기술의 발전과 문화콘텐츠산업의 동향. 재정 정책논집, 4(1), 3~19.

김진규(2002). 인터넷 패션 쇼핑몰의 Avatar 활용 개선 방안 연구. 홍익대학교 대학원 석사학위논문.

김호경(2001). 컴퓨터 매개 커뮤니케이션에서 Avatar에 대한 자아 개념에 관한 연구. 연세대학교 대학원 석사학위논문.

김휴종(1998). 문화산업 윈도우 효과의 이론과 실증. 문화정책논총, 11, 19-38

문화관광부(2001). 콘텐츠 코리아 비전 21.

_____(2001). 문화정책백서.

_____(2001). 콘텐츠 코리아 비전 21.

_____(2002). 문화산업백서.

문화관광부·한국복식문화 2000년 조직위원회(2001). 우리 옷 이천년. 서울: 미술문화.

박양식(2003). Avatar와 기독교적 문화읽기. 문화연구논총시리즈, 5, 76~103.

박창형·송민정(1990). 정보콘텐츠산업의 이해. 서울: 커뮤니케이션 북스.

박희정·이문봉·이성철·서길수(2002). 온라인 채팅에서 Avatar 의 도입이 매체에 대한 사용자의 인지에 미치는 영향. 경영정보학연구, 12(4), 77~99.

백승재(2003). 사이버커뮤니티에서의 Avatar 디자인에 관한 연구. 건양대학교 대학원 석사학위논문.

백영자(1996). 한국의 복식. 서울: 경춘사.

삼성경제연구소(2003). *Ceo information*, 제361호.

심상민(2002. 10). 「문화마케팅」의 부상과 성공전략. 서울: 삼성경
제연구소.

_____(2002. 7). 콘텐트비즈니스의 새 흐름과 대응전략. 서울: 삼
성경제연구소.

안지숙(2002). 청소년의 신체 존중감과 Avatar 존중감 및 꾸미기
행동의 관계. 고려대학교 대학원 석사학위논문.

앨빈토플러(2001. 6). 위기를 넘어서: 21세기 한국의 비전. 정보통
신정책연구원.

여명숙(1999). 사이버스페이스의 존재론과 그 심리철학적 함축.
이화여자대학교 대학원 박사학위논문.

염명배(2000). 지식기반경제(KBE)와 지식기반산업(KBI). 경영경
제연구, 23(1), 충남대학교 경영경제연구소. 179~198.

유네스코 한국위원회(1995). 문화산업의 현황과 전망, 유네스코
한국위원회. 1-2.

유송옥·이은영·황선진(2000). 복식문화. 서울: 교문사.

유수미(2001). Avatar의 패션 마케팅 전략 연구. 국민대학교 대학
원 석사학위논문.

유재윤·진영효·김형국(2000). 도시문화산업의 육성방안. 국토연
구원. 5.

유창조(2003). Avatar의 소비경험에 관한 탐색적 연구: 자아와
Avatar의 관계를 중심으로. 마케팅관리연구, 8(1), 79~98.

유희경(1983). 한국복식사. 서울: 교문사.

이관준 (2001). 영화 속 제품 배치를 통한 간접광고 실태의 비교 연구. 건국대학교 석사학위논문.

이남훈(2001. 9). 테크타임즈. 중소기업진흥공단.

이명학(2002). Avatar 디자인에 관한 연구. 숙명여자대학교 대학원 석사학위논문.

이영두(2000). 문화산업 경영전략. 서울: 삶과 꿈.

이은영·정인희(2002). 의류학 연구방법론. 서울: 교문사.

이케다 노부오 저, 이규원 옮김(2000). 인터넷 자본주의 혁명. 서울: 거름.

정기도(2000). 나, Avatar 그리고 가상세계. 서울: 책세상.

정흥숙(2000). 서양복식문화사. 서울: 교문사.

정흥숙·정삼호·홍병숙(1998). 현대인과 의상. 서울: 교문사.

정희진·엄기서(2001). 가상공간에 나타난 Avatar 유형에 관한 사례연구: 국내 Avatar 중심으로. 디자인학연구집, 7(1), 321~331.

정희진·엄기서(2001). 가상공간에 나타난 Avatar 유형에 관한 연구. 디자인학연구집, 7(1), 서울디자인포험학회. 320~331.

조규화(1982). 복식미학. 서울: 수학사.

차배근(1999). 사회과학연구방법. 서울: 세영사.

최세경(2000). 웹 기반 채팅 인터페이스 차이에 따른 이용자들의 커뮤니케이션 경험 비교 연구. 연세대학교 대학원 석사학위 논문.

클라우스 슈밥 저, 장대환 역(1999). 21세기 예측. 서울: 매일경제
    신문사.

피터드러커 저, 이재규 역(1993). 자본주의 이후의 사회. 서울: 한
    국경제신문사.

하오선·신혜원(2003). Avatar의 의복이미지. 한국의류학회지, 20(5),
    108~117.

한국문화콘텐츠진흥원(2003). 문화콘텐츠산업 관련 법률 규정상
    용어정의.

_____(2003). 통계로 보는 문화콘텐츠산업 2003.

한국복식문화 2000년 조직위원회(2001). 우리 옷 이천년. 서울:
    미술문화.

한국인터넷정보센터(2002). 2002 한국인터넷통계집. 서울: 한국인
    터넷정보센터.

한복사랑운동협의회(2001). 한국복식문화 200년. 서울: 세종문화사.

한창완(2003). 대안 비즈니스의 활성화, Avatar 서비스. 문화예술:
    한국문화예술진흥원, 2003(3), 82~92.

현대패션100년편찬위원회(2002). 현대 패션 100년. 서울: 교문사.

홍병숙(1998). 패션상품과 소비자행동. 서울: 수학사.

황동열(2003). 한국전통복식의 문화산업화에 관한 연구. 한국복식
    학회 추계국제복식학술대회, 서울: 한국복식학회, 3~4.

황상민(2001). 사이버 공간에 또 다른 내가 있다. 서울: 김영사.

황상민·한규석(1999). 사이버 공간의 심리: 인간적 정보화 사회
    를 향해서. 서울: 박영사.

국외문헌

池上惇・山田浩之(1993), 文化經濟學, 世界思想社 : 100.

Barnard, M. (1996). *Fashion as communication.* New York: Routledge.

Boucher, François(1987). *20000 Years of fashion.* New York: Harry N. Abrams.

Celente, Gerald(1998). *Trends 2000: How to prepare for and profit from the changes of the 21st century.* New York: Warner Books.

Damer, B. (1998). *Avatars!: Exploring and building virtual worlds on the internet.* Berkely, CA: Peschpit Press.

Del Corral, M. (1996). UNESCO's approach to cultural industries in the information societies, the present situation and future prospects of cultural industries, *Final Report of the 1st Asia-Pacific Cultural Forum,* 15-25

Dertouzos, M. L. (1997). *What will be, how the new world of information will change our lives.* San Francisco: Harper-Edge.

Donath, J., Karahalio, K. & Viegas, F. (1999). Visualizing conversation. *JCMC, 4*(4), http://www.ascusc.org/jcmc /vol4/issue4/donath.html.

Fernback, J., & Thompson, B. (1995). *Virtual communities: Abort, Retry, Failure?* Annual Convention at the

International Communication Association.

Frank, R. H. & Cook, P. J. (1995). *The winner-take-all society: Why the few at the top get so much more than the rest of us.* New York: Penguin Books.

Hagel J. & Armstrong, M. Arthur(1997). *Net gain: Expanding markets through virtual communities.* Boston: Harvard Business School Press.

Jensen, R. (2001). *The dream society: How the coming shift from information to imagination will transform your business.* New York: McGraw-Hill Trade.

Jones, Q. (2000). *Time to split, virtually: Expanding virtual publics into vibrant virtual metropolises.* Proceedings of the 33rd HICSS (Hawaii International Conference on System Science). Hawaii: HICSS

Jordan, T. (1999). *Cyberpower-the culture and politics of cyber-space and the internet.* London and New York: Routledge.

Lurie, A. (1981). *The Language of Clothes.* New York: Random House.

Nye, J. S., Jr. (1991). *Bound to lead: The changing nature of american power.* New York: Basic Books.

O'Donnell, J. J. (2000). *Avatars of the word: From papyrus to cyberspace.* Boston: Harvard University Press.

Rheingold, H. (1993). *The virtual community: Homesteading*

on the electronic frontier. Reading, MA: Wesley Publishing.

Turkle, S. (1995). *Life on the screen: Identity in the age of the internet.* New York: Touchstone.

UNESCO(2000). *International flows of selected cultural goods 1980~98.*

Walker, J. A. (1989). *Design history and the history of design.* London: Pluto Press.

Wasjul, D., & Douglass, M. (1997). Cyberself: The emergence of self in on-line chat. *The Information Society, 13*(4), 375~397.

Wertheim, M. (1999). *The pearly gates of cyberspace: A history of space from dante to the internet.* New York: W. W. Norton & Company.

신문기사

디지털 타임즈, 2003년 6월 24일.

매일경제, 2003년 7월 25일

조선일보, 2002년 5월 5일

중앙일보. 2003년 8월 31일

inews24, 2003년 6월 26일

인터넷 사이트

http://Avatarmall.daum.net

http://na781111.hihome.com/02-21.htm

http://www.freechal.com

http://www.hanboknara.co.kr/study/daenim.htm

http://www.kocca.or.kr

http://www.mct.go.kr

http://www.neowiz.com

http://www.nic.or.kr

http://www.sayclub.com

http://www.seri.org

국내 포털 사이트의 입점 패션브랜드의 Avatar 의상 및 이미지 세이클럽 입점 브랜드

브랜드명	대표적 Avatar 의상 및 이미지
FILA	FILA 블루면티+배낭 1450 [상세정보] 선물받기 구매 선물 희망 FILA 편안한 7부팬츠 1450 [상세정보] 선물받기 구매 선물 희망 FILA 블랙 스트라이.. 1600 [상세정보] 선물받기 구매 선물 희망 FILA 네이비 하프팬.. 1450 [상세정보] 선물받기 구매 선물 희망 FILA 오렌지 후드나.. 1450 [상세정보] 선물받기 구매 선물 희망 FILA 스트라이트 면.. 1450 [상세정보] 선물받기 구매 선물 희망 FILA 간편한 하프츄.. 1450 [상세정보] 선물받기 구매 선물 희망 FILA 라인포인트 면.. 1450 [상세정보] 선물받기 구매 선물 희망 FILA 편안한 블랙반.. 1450 [상세정보] 선물받기 구매 선물 희망 FILA 얇은 나일론 팬. 1450 [상세정보] 선물받기 구매 선물 희망

브랜드명	대표적 Avatar 의상 및 이미지
FILA	

FILA-다운자켓+모....
4900 [상세정보]
선물받기
구매 선물 희망

FILA-다운자켓과 털.
4900 [상세정보]
선물받기
구매 선물 희망

FILA-골프과 가방
4900 [상세정보]
선물받기
구매 선물 희망

FILA-베이지 다운자.
1550 [상세정보]
선물받기
구매 선물 희망

FILA-골프의상
4900 [상세정보]
선물받기
구매 선물 희망

그레이 베이직 면팬..
1450 [상세정보]
선물받기
구매 선물 희망

청남방+노란베스트
1450 [상세정보]
선물받기
구매 선물 희망

면트레이닝-팬츠
1450 [상세정보]
선물받기
구매 선물 희망

면트레이닝 + 클로스.
1450 [상세정보]
선물받기
구매 선물 희망

스카이블루스트라이..
1450 [상세정보]
선물받기
구매 선물 희망

브랜드명	대표적 Avatar 의상 및 이미지		
Barbie	라푼젤의 친구 토끼 🪙 1700 [상세정보] 🎁 선물받기 [구매] [선물] [희망]	라푼젤 친구 페넬로.. 🪙 2000 [상세정보] 🎁 선물받기 [구매] [선물] [희망]		
	라푼젤-궁결 무도회.. 🪙 2500 [상세정보] 🎁 선물받기 [구매] [선물] [희망]	라푼젤성과 마을 🪙 2500 [상세정보] 🎁 선물받기 [구매] [선물] [희망]		
	라푼젤의 방 🪙 2700 [상세정보] 🎁 선물받기 [구매] [선물] [희망]	바비휴게실 🪙 1500 [상세정보] 🎁 선물받기 [구매] [선물] [희망]		
	고양이 놀이터 🪙 1700 [상세정보] 🎁 선물받기 [구매] [선물] [희망]	바비 컴퓨터 책상 🪙 1700 [상세정보] 🎁 선물받기 [구매] [선물] [희망]		
	켓츠 하우스 🪙 1700 [상세정보] 🎁 선물받기 [구매] [선물] [희망]	피자가게 🪙 2000 [상세정보] 🎁 선물받기 [구매] [선물] [희망]		
	내 친구 두건바비걸 🪙 3000 [상세정보] 🎁 선물받기 [구매] [선물] [희망]	안녕! 내 친구 🪙 2900 [상세정보] 🎁 선물받기 [구매] [선물] [희망]		
	음료수 한잔 어때? 🪙 3000 [상세정보] 🎁 선물받기 [구매] [선물] [희망]	풍선 든 내 친구 🪙 3000 [상세정보] 🎁 선물받기 [구매] [선물] [희망]		
	코스모스길 함께 걷.. 🪙 3200 [상세정보] 🎁 선물받기 [구매] [선물] [희망]	가을 오솔길 🪙 2700 [상세정보] 🎁 선물받기 [구매] [선물] [희망]		

브랜드명	대표적 Avatar 의상 및 이미지	
Carnaby	**워싱 딥블루 진** 1450 [상세정보] 선물받기 구매 선물 희망	**가죽재킷+면티** 1450 [상세정보] 선물받기 구매 선물 희망
	더티 롤업진 1450 [상세정보] 선물받기 구매 선물 희망	**살구니트 + 목도리** 1450 [상세정보] 선물받기 구매 선물 희망
	핑크니트+그린메플... 1550 [상세정보] 선물받기 구매 선물 희망	**패턴 니트치마** 1450 [상세정보] 선물받기 구매 선물 희망
	아이보리 골덴바지 1450 [상세정보] 선물받기 구매 선물 희망	**캐너비 청자켓** 1450 [상세정보] 선물받기 구매 선물 희망
	그레이 모직7부 1350 [상세정보] 선물받기 구매 선물 희망	**모직재킷+레드메플...** 1550 [상세정보] 선물받기 구매 선물 희망

브랜드명	대표적 Avatar 의상 및 이미지
Carnaby	**CARNABY-힙합 크토** 4900 [상세정보] 선물받기 구매 선물 희망 **CARNABY-재킷+크토** 4900 [상세정보] 선물받기 구매 선물 희망 **CARNABY-브라운코** 4900 [상세정보] 선물받기 구매 선물 희망 **CARNABY-빨간스웨** 4900 [상세정보] 선물받기 구매 선물 희망 **CARNABY-힙합코디** 4900 [상세정보] 선물받기 구매 선물 희망 **CARNABY-캐쥬얼코** 4900 [상세정보] 선물받기 구매 선물 희망 **CARNABY-프렌치코** 4500 [상세정보] 선물받기 구매 선물 희망 **CARNABY-청코트** 4500 [상세정보] 선물받기 구매 선물 희망 **CARNABY-가죽점퍼** 4900 [상세정보] 선물받기 구매 선물 희망 **CARNABY-캐쥬얼룩** 4500 [상세정보] 선물받기 구매 선물 희망

브랜드명	대표적 Avatar 의상 및 이미지	
Thursday Island	**라인업 블랙진** 💿 1450 [상세정보] 🗑 선물받기 [구매] [선물] [희망]	**내츄럴 난방+빅백** 💿 1450 [상세정보] 🗑 선물받기 [구매] [선물] [희망]
	카키패딩+모직팬츠 💿 4900 [상세정보] 🗑 선물받기 [구매] [선물] [희망]	**오리털 브라운점퍼** 💿 4900 [상세정보] 🗑 선물받기 [구매] [선물] [희망]
	브라운점퍼+치노팬... 💿 4500 [상세정보] 🗑 선물받기 [구매] [선물] [희망]	**겨자색재킷+롤업청...** 💿 4900 [상세정보] 🗑 선물받기 [구매] [선물] [희망]
	블루재킷+목도리+면... 💿 4900 [상세정보] 🗑 선물받기 [구매] [선물] [희망]	**청소재 오리털패딩** 💿 4900 [상세정보] 🗑 선물받기 [구매] [선물] [희망]
	모직체크+워싱진 💿 4900 [상세정보] 🗑 선물받기 [구매] [선물] [희망]	**블랙패딩+골덴바지** 💿 4900 [상세정보] 🗑 선물받기 [구매] [선물] [희망]

브랜드명	대표적 Avatar 의상 및 이미지	
Thursday Island	라인업 블랙진 💿 1450 [상세정보] 🗑 선물받기 구매 선물 희망	내츄럴 난방+빅백 💿 1450 [상세정보] 🗑 선물받기 구매 선물 희망
	카키패딩+모직팬츠 💿 4900 [상세정보] 🗑 선물받기 구매 선물 희망	오리털 브라운점퍼 💿 4900 [상세정보] 🗑 선물받기 구매 선물 희망
	브라운점퍼+치노팬... 💿 4500 [상세정보] 🗑 선물받기 구매 선물 희망	겨자색재킷+롤업청... 💿 4900 [상세정보] 🗑 선물받기 구매 선물 희망
	블루재킷+목도리+면.. 💿 4900 [상세정보] 🗑 선물받기 구매 선물 희망	청소재 오리털패딩 💿 4900 [상세정보] 🗑 선물받기 구매 선물 희망
	모직체크+워싱진 💿 4900 [상세정보] 🗑 선물받기 구매 선물 희망	블랙패딩+골덴바지 💿 4900 [상세정보] 🗑 선물받기 구매 선물 희망

브랜드명	대표적 Avatar 의상 및 이미지	
N'GENE	슬리넥뻬색니트 ⊜ 1500 [상세정보] 🎁 선물받기 구매 선물 희망	진팬츠 ⊜ 1500 [상세정보] 🎁 선물받기 구매 선물 희망
	카키 카고7부팬츠 ⊜ 1450 [상세정보] 🎁 선물받기 구매 선물 희망	블럭포인트 솔리드티 ⊜ 1450 [상세정보] 🎁 선물받기 구매 선물 희망
	아웃포켓 팬츠 ⊜ 1600 [상세정보] 🎁 선물받기 구매 선물 희망	올드카퍼 7부팬츠 ⊜ 1450 [상세정보] 🎁 선물받기 구매 선물 희망
	슬리브리스+디카 ⊜ 1600 [상세정보] 🎁 선물받기 구매 선물 희망	롤업 스카이진 ⊜ 1450 [상세정보] 🎁 선물받기 구매 선물 희망
	챙모자+손수건 두르.. ⊜ 1450 [상세정보] 🎁 선물받기 구매 선물 희망	밀리터리 룩 하의 ⊜ 1450 [상세정보] 🎁 선물받기 구매 선물 희망

브랜드명	대표적 Avatar 의상 및 이미지	
N'GENE	리플레이 청 롤업 진 💲 1450 [상세정보] 🎁 선물받기 [구매] [선물] [희망]	레드라인 면티 조끼 💲 1450 [상세정보] 🎁 선물받기 [구매] [선물] [희망]
	Challenge line 💲 4900 [상세정보] 🎁 선물받기 [구매] [선물] [희망]	Rooki line 💲 4900 [상세정보] 🎁 선물받기 [구매] [선물] [희망]
	Extreme line 💲 4900 [상세정보] 🎁 선물받기 [구매] [선물] [희망]	Advanced line 💲 4900 [상세정보] 🎁 선물받기 [구매] [선물] [희망]
	오렌지 V3선글래스 💲 450 [상세정보] 🎁 선물받기 [구매] [선물] [희망]	사이버 고글 💲 700 [상세정보] 🎁 선물받기 [구매] [선물] [희망]
	옐로우패딩재킷 💲 1550 [상세정보] 🎁 선물받기 [구매] [선물] [희망]	래글런후드재킷 💲 1350 [상세정보] 🎁 선물받기 [구매] [선물] [희망]

네이트닷컴 입점 브랜드

브랜드명	대표적 Avatar 의상 및 이미지
문진숙 웨딩	
Quicksilver	

브랜드명	대표적 Avatar 의상 및 이미지
FUBU	
maru	

브랜드명	대표적 Avatar 의상 및 이미지
NOTON	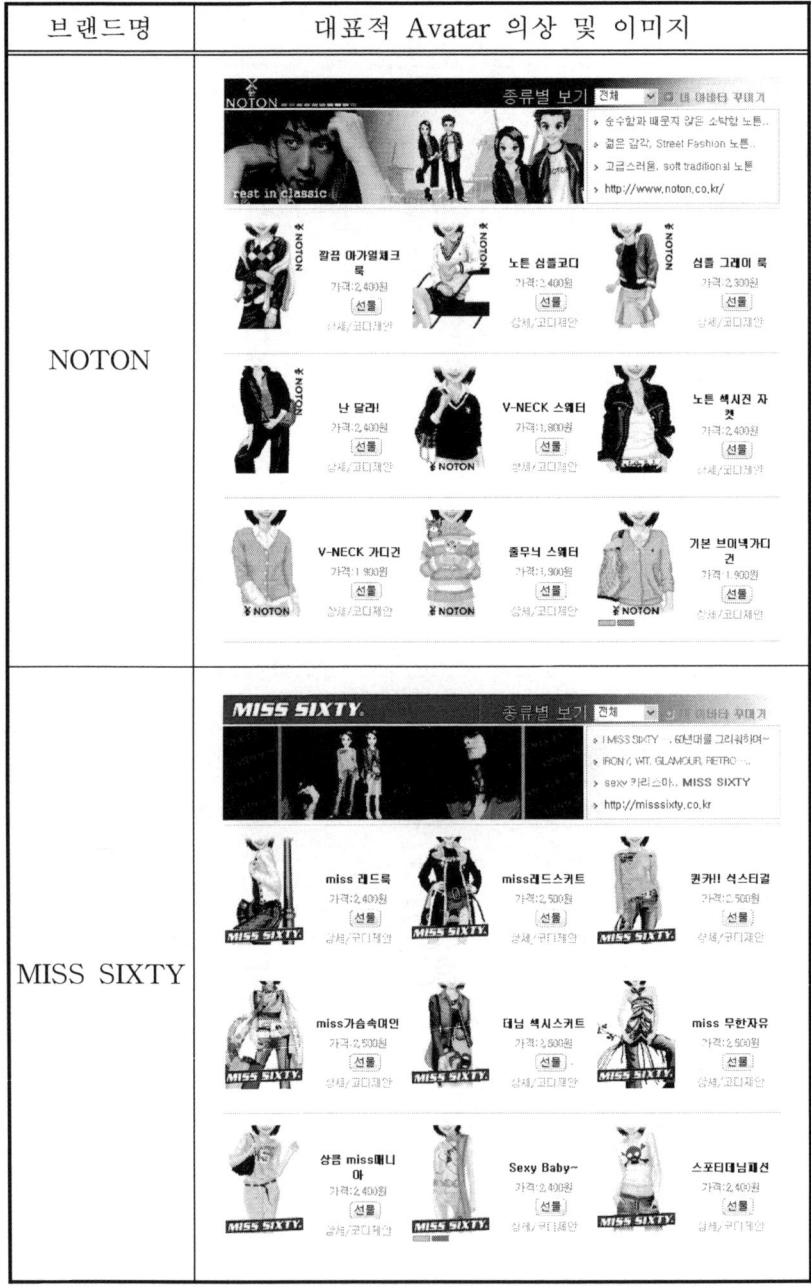
MISS SIXTY	

브랜드명	대표적 Avatar 의상 및 이미지
asap	
Rouzili	

브랜드명	대표적 Avatar 의상 및 이미지
OLIVEdesOLIVE	
ON & ON	

MSN 메신저 파워플러스 입점 브랜드

브랜드명	대표적 Avatar 의상 및 이미지
Puma	

• 저자 •

김영삼(金永三)

• 학력
중앙대학교 의류학과 졸업
Parsons School of Design 수학
New York University 대학원 예술학 석사
중앙대학교 대학원 이학박사

• 경력
The Metropolitan Museum of Art 의상연구소 연구원
The Fashion Institute of Technology 의상박물관 연구원
극단 원 무대의상 수석디자이너
사단법인 한국복식학회 편집국장
現 중앙대학교 의류학과 교수

• 연구논문
「A Study on the Hypermedia Usage for the Development of Educational Productivity in Clothing & Textiles」, The 20th International Costume Congress, International Association of Costume
「The Research of Pin-up Style's Influence on Fashion」, 2001 KSCT/ITAA Joint World Conference(Seoul, Korea), International Textile & Apparel Association, Korean Society of Clothing & Textiles
외 다수

• 작품 및 전시활동
영화의상 <Dangerous Liaisons> - Marquise de Merteui, Cecil, Tourvell 의상, 19th International Costume Association Congress(Paris, France), International Costume Association
외 다수

• 저서
지식의 최전선(공저)
서양복식사(I)

아바타 패션과 디지털 문화산업

• 초판 인쇄	2005년 7월 5일
• 초판 발행	2005년 7월 10일
• 지 은 이	김영삼
• 펴 낸 이	채종준
• 펴 낸 곳	한국학술정보㈜
	경기도 파주시 교하읍 문발리 526-2
	파주출판문화정보산업단지
	전화 031) 908-3181(대표) · 팩스 031) 908-3189
	홈페이지 http://www.kstudy.com
	e-mail(e-Book사업부) ebook@kstudy.com
• 등 록	제일산-115호(2000. 6. 19)
• 가 격	29,000원

ISBN   89-534-2351-1 93590 (Paper Book)
           89-534-2352-X 98590 (e-Book)